U0120190

后浪

操纵心理学

争夺人生的主导权

WHO'S PULLING
YOUR
STRINGS

[美] 哈丽雅特·B·布瑞克——著

Harriet B. Braiker

李 璐——译

民主与建设出版社
·北京·

目　录

序言　你并不孤独

纵观我的职业生涯，我一直对人们出于善良（却往往误入歧途）的初衷而形成的心理问题很感兴趣。20世纪80年代中期，妇女运动的浪潮改变了美国劳动力与美国式生活的根基，我就是在那时写下了《E型女性：如何克服想要取悦所有人的压力》（E即Excel的首字母，指意图在各个领域都出类拔萃的女性——编者注）。此书对比了男性与女性面对的不同类型的压力。更明确地说，它研究了女性以牺牲自己的健康与福利为代价，试图满足所有人的要求与期待，以及这种想要做到"十全十美"的徒劳尝试所引起的持续不断的压力循环。

近20年后，全美乃至全世界的高成就女性，如今仍与E型这一概念契合。她们雇用我为她们的事业提供咨询服务，邀请我做主旨发言，并且成了我的广播与电视节目的最棒受众，她们也是我临床实践的案例。

无论多有权势、多成功，E型女性总会告诉我，她们想要让其他人更快乐，以及这种渴望如何将她们变成破坏性操纵关系中的牺牲者。

就在几年前，在另一部名为《取悦症候群：治愈取悦他人综合征》的书中，我重新审视了 21 世纪风格的取悦他人这一话题。这一次，我创立了一个网站 www.DiseaseToPlease.com，让读者能够和我，以及和其他取悦他人者沟通交流，并从这样的线上互助社区中受益。

从 2001 年《取悦症候群》出版以来，我就不断在网站留言簿收到来自受此问题困扰的男性、女性发来的邮件与信息。这些信息的主题无一例外是：这些取悦他人者的好心，让他们成了操纵者眼里的冤大头。当操纵者剥夺他们的自由、自我方向与自我控制时，他们表现出的受害者状态，又会造成更深、更具破坏性的情感问题。

这些信息对我来说明确且振聋发聩：我的读者确实能够借助一部好的自助书籍冲破操纵者制造的迷惑之雾。他们需要更好地理解，他们是为何、由谁、在何时、以何种方式被操纵的。当然，最重要的是他们需要知道如何行动才能停止这样的被操纵。

然而，不要误会，取悦他人者绝不是唯一容易被操纵的群体。经历了近 30 年的临床心理学与管理咨询顾问的工作，我对此深有感触。我亲眼见证了不同背景、个性迥异、年龄不一、经济教育状态与社会地位截然不同的病人与客户，如何因操纵而受到痛苦且极具破坏性与摧毁性的影响。

有些人的确会比其他人更容易成为目标，但是在技巧纯熟的操纵者面前，没有人能够真正完全免疫。我曾经与一些病人以及企业客户接触，他们从未觉得自己需要看心理医生，直到他们发现自己正被别人捏在手心，无法从操纵心爆表的配偶，控制欲超强的领导，野心勃勃的下属，手段卑鄙、与自己竞争的同事，让人产生负罪感的母亲或是不可靠的朋友手中将自己解救出来。而操纵者远不止这些人。

我自己对操纵关系的经验远不止是职业兴趣。我曾经亲身体会到被操纵给自尊、幸福感、情感与心理健康带来的巨大伤害。我曾经卷入胁迫与操纵的阴暗之网，而我再也不想有这种经历。

为了保护自己，也为了那些向我寻求专业帮助的人，我努力开发技巧与策略来抵御操纵。我写下本书，与广大读者分享这些技巧。我的目标很简单，就是帮助读者打破被操纵的枷锁，重掌对生活的控制权。

对于本书的读者，我有几条重要的告诫。本书讲的是情感或心理操纵。那些用身体暴力或是威胁进行身体暴力作为控制手段的关系，并不适用本书。

身处身体暴力关系的受害者根本没有闲暇来阅读这本书，至少不是现在。你必须马上行动起来，从生理与心理上与虐待你的那个人保持尽可能远的距离，以此来保护自己与他人。

这本书同样不适用于那些被酗酒以及（或）嗑药的人操纵的人。酒鬼和瘾君子受摄入的迷醉品影响，心智状态极不正常。除非他们能控制自己的成瘾问题，否则你根本没法和他们有效沟通。只要他们继续酗酒或吸毒，问题就会继续存在。操纵是他们病症的一个核心症状，你需要成为解决方式的一部分，而非问题的一部分。

最后，这本书也不适用于那些受强迫而违法的人。无论是工作中想让你"做假账"的无良老板，欺骗他人却想让你对此缄口不言的男友或女友，还是其他强迫你违反法律的人，你都必须立刻离开这名操纵者、结束这段关系，不留任何协商空间。

除去这些例外，这本书适合所有人。我为什么确信这点？因为我还未曾遇到过从未在生活中被别人操纵的人。因此，所有人都能够学会抵制操纵，并让自己因此获益。如果你现在恰好是操纵关系的目标或受害者，希望你能够宽慰自己并不孤独。数以百万计的人都有被操纵造成的不良感受——无法减轻伤害或打破这种恶性循环的无力感。

而这正是操纵者想要你感受到的。

我强烈希望本书能使你更清楚自己面临的问题，改变你的无助、困惑和失控感。如果我们都成功了，那么别人问起你："谁在操纵你?"你就能潇洒回答。你可以看着他们的眼睛说："没有人，只有我自己能控制我。"

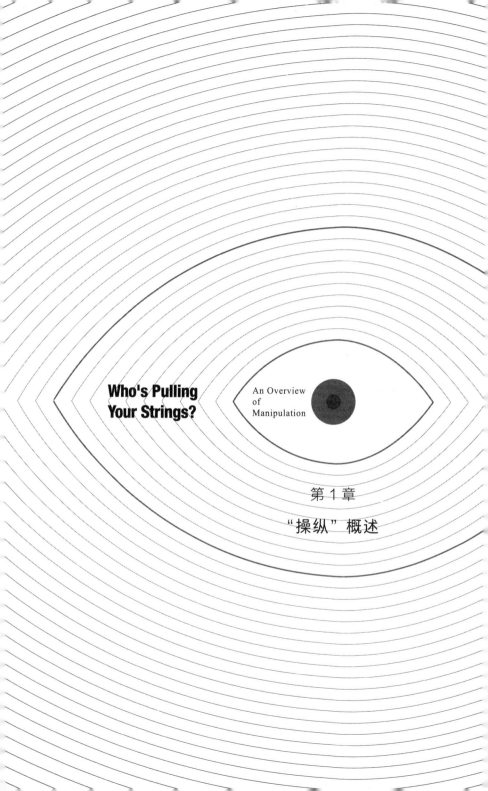

Who's Pulling Your Strings?

An Overview of Manipulation

第 1 章

"操纵"概述

Who's Pulling Your Strings?

An Overview
of
Manipulation

你是否曾经被当作牵线木偶操纵，被强迫去做自己不愿意的事，或是被强制放弃自己想要继续的事？你是否曾经试图挣脱束缚，却发现每一次徒劳的挣扎都只能让自己越陷越深？

操纵不在乎任何关系的边界。它能够侵入你与配偶或爱人最亲密的个人关系中。它也会发生在工作伙伴与非工作伙伴之间。操纵关系会出现在家庭、组织、友谊、工作交际，甚至教堂等场合中。

操纵亦无关年龄或性别。任何年龄、任何性取向的男性女性都可能成为操纵者与被操纵者。在人生转折点，压力、不确定性与焦虑往往会同时出现，无论转变是积极的还是消极的，都是操纵关系蠢蠢欲动、极易形成的时机。

讽刺的是，操纵往往占据着你能够从中收获最多也能失去最多的关系。包括对你来说最具意义的情感纽带，比如家庭、婚姻、爱人、同事、朋友，甚至于你的导师与建议者们。

如果有人正在操纵你，那么这本书就是为你而写的。

如果你正是或曾是操纵的受害者，你很可能会感到困惑、憎恨、沮丧、无助、束缚与（或）气愤。你同样也很可能会觉得内疚、焦虑与失落，尤其是当这样的操纵已经持续了很长一段时间后。

你可能想要知道，你是因为什么原因，又是如何被诱捕进这一段令人抓狂、毫无益处的关系之中的，这样你就不会再误入歧途。最重要的是，你想要知道，如何才能停止被操纵。这本书将会回答你的问题。

控制与反控制

当你陷入一段操纵关系之中，你其实是在不知不觉中与试图控制你的人达成了共谋。你的每一次顺从、屈服、让步，你每一次满足操纵者的愿望与意图，都让贬低自尊、人生虚无、腐蚀情感的恶性循环更加根深蒂固。

被操纵，是一段让人高度紧张的经历。它让人不快，有损人格，使人烦扰。确切地说，它对你的身体健康也有害。

我写这本书，是为了那些被操纵者盯上、剥削、控制的人。我不是为了启发操纵者意识到他们的伎俩与意图中的不公平性。我也不指望直接控诉操纵者就能改变他们的想法或手段。这些都是徒劳无功的。

相反，我写这本书，是为了让你和其他被操纵的受害者意识到你们的反控制能力，并且帮助你们掌握这样的反控制力。我意识到，被操纵者在操纵关系中将感到无能为力，然而这都是操纵者强加于你的。事实上，决定操纵者成功或失败的钥匙握在你自己手中。

操纵能够付诸行动，是因为它有效果。只要你一直允许操纵者剥削你、控制你，那么操纵就会继续下去。然而，如果你改变自己的行为，让操纵失效，操纵者就不得不改变策略或另寻目标。

仅指出操纵者行事不公或表达自己的不快，可能无法改变操纵者的操纵行为。直白地说，操纵者根本不关心你的感受。他们只有一个意图：追求自己的利益与目标，而这往往需要你付出代价。如果你能从一段操纵关系中获益，那仅仅是偶然。

但是，你能够使用反控制能力来改变这段关系的权力平衡。当你不再配合、不再屈服、不再一味取悦他人、不再沉默接受、不再道歉、不再理会恐吓或威胁，不再对操纵手段有所反应，你也就单方面地改变了这段操纵关系的性质。然后，你就能停止或开始扭转操纵关系带来的情感伤害。

操纵 VS 影响

在韦氏词典中，"操纵"的含义是："运用狡猾、不公、伺机欺骗的手段，控制或利用（某人某事），尤其是为了个人利益；通过狡猾或不公的方式改变别人，以满足自己的意图"。

基于本书的写作目的以及让读者能够自我保护，我们默认被操纵是一段负面、有害的经历。操纵会加深依赖性、无助感与欺骗性。反过来，这些固化的角色也限制了这段关系以健康与平衡的方式运作与发展。在操纵的重负之下，关系会被禁锢在高度的权力不平衡之中。

只要操纵继续下去，操纵者也会在手段上越来越强势、大胆，即使他们也会有不安全感与恐惧；受害者则会变得更弱势，甚至更顺从，即使他们会产生越来越重的敌意。

操纵与合理、直接、光明正大的影响无关，我们也不应该将之混淆。我们都想影响他人。在某些关系中，比如说父母与孩子、老师与学生，或医生与病人，为了目标的最大利益与需要，我们会有意地影响他人，这一点对于定义操纵与非操纵来说是至关重要的。

健康、合适的影响，往往有回报过程。它由开放、坦诚、直接的沟通引领，而不是使用威胁与胁迫的手段。而且影响的过程和意图是公开的，参与者都知情。

相反，操纵兴盛于隐晦、迂回甚至是欺骗性的交流氛围中，往往过程隐秘，意图含糊。威胁、恐吓与胁迫是其偏好的手段。操纵者会寻找诱捕、困缚受害者的机会。他们以微妙、迂回或隐蔽的方式行事，在受害者还未反应过来时就早早建立起关系中的操纵性本质。

有些操纵者完全知悉自己的行为，而且往往是有意为之。他们能熟练使用胁迫与控制手段，以扭曲他人意愿来满足自己的企图为傲。但是，也有一些操纵者没有意识到自己的动机，他们的操纵行为不是出于刻意，而是出于恐惧、不安或其他情感因素，他们可能并不完全知悉自己行为的操纵性。但是，他们依然会运用一些手段，向操纵对象施压，让操纵对象顺从。并且他们会不断利用胁迫手段来满足自己的利益。

无论他们的操纵是有意还是无意，操纵者一旦尝到了甜头，就会将同样的负面影响施加于受害者。在这两类案例中，受害者的顺从与妥协"奖励"了操纵者的"付出"，并刺激了胁迫与控制循环不断持续。

本书的三个目的

本书的第一个目的是帮助你更好地了解操纵是如何运作的。当你对操纵者的动机和手段有了更深入的了解，你就能够熟练地指出周围的潜在操纵者，并在他们将你推入控制网之前避开他们。

你会更加清楚地了解到，你在无意中与为一己之私操纵你的人形成了合谋者，而这往往以你自己的个人利益为代价。你也会发现自己的个性与心态中让你极易被操纵的那些部分。

其次，本书将帮助你强化自己的性格，改变容易让你成为攻击目标或操纵"记号"的部分。通过让自己强硬起来，深入了解操纵者的动机与手段，你就能在现在以及未来面对操纵控制时不再脆弱。

第三，也是最重要的一点是，本书将教给你必要的规避方法，帮助你摆脱操纵。这些规避方法适用于任何操纵关系。了解了都有哪些可行方法，你就能够选择应对方式、深入程度与对象。

你同样还会面对一个困难但关键的问题：何时留、何时走，也就是何时改变自己的行为来修正这段关系，何时应该全神贯注于彻底离开这段操纵性关系与操纵者。

谁最容易受操纵所害？

简单来说是每个人。具体来说则是，有一些人会比其他人更容易被操纵。这些容易被左右的人或容易被攻击的目标，对于操纵者来说就像猫薄荷一样诱人。容易受影响的人在习惯与心态上向别人暴露出了脆弱的一面，这虽然不是故意的，但是操纵者却能抓住这些线索，被这些个性中的弱点和"触点"吸引而来，继而肆无忌惮地压迫被操纵者。

在第 3 章，你可以评估自己对操纵的敏感程度。但是首先，我希望能够带你看看五个案例分析，给冰冷的操纵算计增添一些鲜活的色彩与真切的感觉。

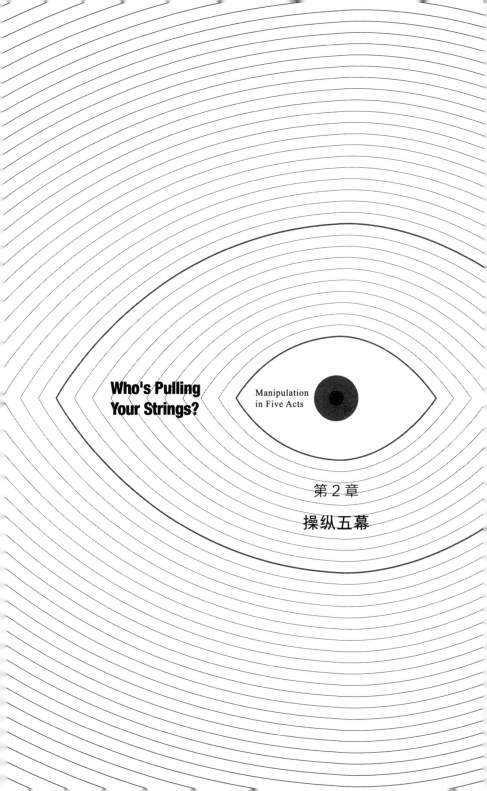

Who's Pulling
Your Strings?

Manipulation
in Five Acts

第 2 章

操纵五幕

**Who's Pulling
Your Strings?**

Manipulation
in Five Acts

操纵有多种多样的形式与伪装。如果将我职业生涯中遇到的所有操纵关系案例都记录下来，没有数千页，也有数百页，对于一本书而言，这样的篇幅实在很巨大。为了符合本书的写作目的，我选择了五个故事，他们代表性地展现了操纵带来的胁迫性控制与无助感。

在接下来的案例中，你会看到我的一些病人与他们生活中的某些人——配偶、爱人、父母、兄弟姐妹、同事。他们面对的操纵情景会展现在你眼前。如果你正处于或曾经处于一段操纵关系中，你很可能会对这些人和他们面对的场景感到非常熟悉，请你牢记这些案例，因为你在阅读本书时会不断看到这些案例。我会在后文时不时地回溯这些案例，来阐释操纵的关键点。

在阅读过程中，你可以一边学习操纵的动态机制与有效打断操纵进程的规避方法，一边思考你会如何处理我的病人们面临的困境。在后面的章节，我们会回顾这些故事，找出每一个案例的解决方法。

第一幕：两个辛迪的故事

鲍勃是一名十分成功的医生，他居住在加州比弗利山，常常被邀请去全国各地做演讲，并受邀成为医学会议的荣誉委员会成员。在前往纽约的一趟旅程中，他遇见了辛迪。辛迪的工作是为大型医药公司、大学与其他客户协调与组织医学会议。鲍勃与辛迪很快就彼此吸引，不久就开始了一段热烈的恋爱。

鲍勃的家与工作在西海岸，而辛迪的家与工作则在东海岸，这段异地恋既兴奋刺激，亦有重重困难。随着恋情不断升温，鲍勃几乎每周都要飞到纽约，度过激情却短暂的周末时光。

鲍勃第一次来找我时，我问他最开始辛迪究竟具有何种特质吸引了他。他毫不犹豫地告诉我，他爱辛迪的自信。辛迪美丽、淡定、自信，她是一个健谈的人，也是一位热情似火的爱人。但除此之外，鲍勃最欣赏辛迪表现出来的独立。辛迪事业成功，鲍勃也参加了很多由辛迪组织的医学会议，他感觉辛迪在工作上十分出色。

经历了三个月的异地恋之后，鲍勃和辛迪认为这样异地对他们来说都太辛苦了，他们开始讨论同居与结婚事宜。他们在搬家问题上没什么争论，都认为让鲍勃放弃兴旺的医疗工作，在纽约重新开始，是不理智也不实际的。所以，辛迪很高兴地自愿搬到西部。在下定决心的一个月之内，辛迪就收拾妥当，搬到了鲍勃在洛杉矶西部的豪宅。

起初，这对于他们而言是极乐之境。辛迪对鲍勃可谓百依百顺，她很爱为鲍勃下厨，并且对他体贴入微。而鲍勃也很享受这样的关注，并努力以同样的态度回报辛迪。

这样的新生活持续了数周，有一天鲍勃说周六要和朋友去打网球。辛迪对此特别不快。她的反应让鲍勃十分震惊。

辛迪面露不悦地抱怨，她"放弃一切"搬到加州，却被"抛弃"了。辛迪说她在加州没有亲朋好友，而"鲍勃要在外面待一整天，她留在家里应该干什么呢"，种种类似的埋怨。

就这样，辛迪在鲍勃眼中的形象似乎变了。曾经独立、自信的纽约客，如今看起来更像个困苦、怨怼的普通女人。

辛迪的这一面，鲍勃从未见过，他也不喜欢。但是，鲍勃承诺网球活动一结束就赶回家，取消与朋友共进午餐的计划，辛迪的心情因此有所恢复。

在这瞬间，"曾经的"辛迪似乎又回来了。

然而，网球事件只是一个开始。每一次鲍勃要独自去某个地方，辛迪都会抱怨，并且这种怨怼与日俱增。最初，她噘嘴生气、闹别扭、哭泣、沉默、假装痛苦、拒绝做爱，以此来给鲍勃施压、惩罚鲍勃。而且她这样做往往能够成功地操纵鲍勃，让鲍勃改计划或偶尔也带上她一起出门。

辛迪十分擅长让鲍勃因为留下她一人而感到内疚。

时日一长，辛迪闹别扭的方式转变成了怒吼和尖叫。鲍勃不喜欢争斗与情感纠结，因此他不得不陷入扯线木偶的境地。他取消了自己的活动计划，拒绝了网球与高尔夫的邀请，缩短了在健身房锻炼的时间。辛迪的怨气让鲍勃身心俱疲，他发现只要辛迪开始对着他尖声发怒，他就会立刻妥协。他想要找到一个能够尽快规避"这种痛苦"的方式。辛迪则发现，抬高声音是她"军火库"中的致命武器，她开始以惊人的频率毫不迟疑地使用它。就这样，鲍勃只要一想到辛迪的脾气可能会爆发，就会立即投降，对她百依百顺。

有时，鲍勃道歉并且承诺绝不会"抛弃"她之后，至少在短时间内，辛迪又会回复到"曾经的"状态。但是鲍勃却由于他的纵容陷入麻烦。他最主要是被自己的行为所困扰，他看不起那些被女人操纵的男人，可是"现在的"辛迪却以黏人、反复无常的举动让他身心俱疲。无论何时，只要他和男性友人有出游计划，辛迪就会哭泣或发怒。更糟的是，当鲍勃在周末"被喊出去"时，辛迪会以冷暴力或拒绝做爱来惩罚他。

鲍勃对于辛迪的惩罚性情感摧毁实在是太过恐惧，每当鲍勃打算与朋友外出打网球或高尔夫时，就会剧烈胃痛。辛迪则会抓住一切机会提醒鲍勃，她是放弃了一切搬到加州的。但是辛迪从不努力去交新朋友或找点有意义的事做，鲍勃对她这样的态度很失望，不过辛迪在撩动鲍勃的内疚感方面堪称专家。鲍勃会扪心自问，辛迪为自己牺牲了这么多，他怎么能够抛弃她呢？

鲍勃开始给辛迪买昂贵的礼物，来抚慰自己的良心，而辛迪十分鼓励这一行为。如果鲍勃在家里接了朋友的电话，他就会感觉到辛迪开始拉下脸，一想到接下来肯定会发生的场景，他就开始胃疼。

鲍勃感觉，他就像在和两个辛迪一起生活：一个是六个月前与他坠入爱河，自信又能给予他帮助的辛迪，另一个则是利用情绪化手段，强迫他顺从的辛迪。更大的问题是，他不喜欢，也看不起被第二个辛迪引出的"现在的"自己。

在辛迪搬过来与他同住的六个月后，鲍勃找到我。鲍勃的医生曾委婉地指出鲍勃的胃痛可能是由于他生活中的"两位"女性，建议他来向我咨询。

第二幕：母亲家的晚餐

吉姆和萨莉最开始来找我，是要进行情侣共疗。他们交往了很久，想在结婚前再确认一下两人之间的关系还有哪些小问题。那次治疗很成功，婚礼也如期举行。

一年多之后，我在预约名单上再度看到他们俩的名字时，很是惊讶。这一次，他们要咨询的是家庭问题。

萨莉来自一个小家庭。家庭成员只有父母和一个姐妹，苏西。苏西已经结婚了，并且有两个年幼的孩子。

吉姆的家庭则要大得多。除了父母，还有四个兄弟姐妹——两个兄弟和两个姐妹。吉姆的兄弟姐妹都已经结婚了，并且有很多孩子。

新问题出现在萨莉的母亲玛莎身上。玛莎一直将周五晚上视为家庭晚餐时间，也就是说苏西夫妇与他们的两个孩子，还有萨莉，都要出席。萨莉与吉姆结婚时，玛莎就希望萨莉和吉姆也能在每周五晚上来吃晚餐。母亲已垂垂老矣，萨莉于是依从了母亲的要求。

然而，与玛莎共进了几个月的周五家庭晚餐之后，吉姆表示希望某几个周五能和他自己的家庭一起度过。萨莉觉得吉姆的要求很合理，因此她告诉母亲下一个周五晚上她和吉姆不会去吃晚餐了。但她的母亲没法接受这个消息。

她质问萨莉怎么能打破周五晚上家庭聚餐的传统。萨莉解释，吉姆也有和自己的家庭共度时光的权利。但是她立刻就感受到了让母亲失望的那种熟悉的内疚感。玛莎轻声啜泣着说，如果萨莉和吉姆打破这个传统，周五晚上去其他地方，父亲和苏西会伤心。"我们是一个小家庭，如果你不来的话，我们会觉得很孤独。你的姐妹也没机会再看到你了，你知道你们的关系有多好，她和她的孩子有多期待在每周能见到你。"

满心内疚的萨莉说，下一周与吉姆的父母共度周五的计划已经确定了，没办法再改。她真挚地道歉，请求母亲能够原谅她这一次。然而，在那长长的一周，萨莉受到了母亲的冷待。每一天的母女通话没有了。萨莉给母亲打电话也只能被转接到答录机上。尽管她留言了，但从没有接到回复电话。当萨莉最终给母亲打通电话时，她只能得到简短、单音节的回答。萨莉感觉到了冻死人的寒意。

周五早上，在内疚感的重负之下，萨莉屈服了。她恳求吉姆取消与他父母的碰面，去她母亲那里吃晚餐。她害怕如果不这样的话，她的母亲就再也不和她说话了。萨莉说："我真的受不了这样的沉默。"吉姆同意了，因为他不能看着萨莉身处如此巨大的烦恼中。但他对于玛莎的不满加深了。

萨莉和吉姆重新开始每周五去玛莎家里吃晚饭。然而，吉姆日渐不满他的岳母对自己以及萨莉的操纵。他每周五去吃晚饭的时候脸色很阴沉，并且拒绝参与任何对话。

对于萨莉而言，事情变得更糟了。她感觉到了母亲和丈夫在同时操纵她。为此她进退维谷，一边是吉姆的愠怒、惩罚性行为，一边是母亲极富技巧的内疚感诱导。

萨莉甚至想过让玛莎也邀请吉姆一家来加入周五晚餐。

玛莎说她很愿意，但是"他们家人太多了，而我们家只有一张小小的餐桌"。萨莉主动提出在某些周五晚上由她自己下厨，邀请双方的家庭。但玛莎立刻就拒绝了这个提议，因为"这种感觉就是不一样"。除此之外，她并不想"打破传统"。

与此同时，吉姆也开始承受来自他家庭的怒火。尽管没有玛莎那么根深蒂固的周五晚聚餐传统，但他们也喜欢周五聚在一起，享受一顿轻松的晚餐，开心开心。更糟的是，他的一些家庭成员开始觉得也许是萨莉不喜欢他们，所以妨碍吉姆与他的家人见面。

玛莎的操纵之钩在萨利身上埋藏得很深。内疚感以及和吉姆之间的矛盾，让这段新婚关系十分紧张纠结。当萨莉宣布她怀孕时，玛莎将她的控制行为上升到了新的水平。无论萨莉和吉姆说他们想要做什么，玛莎似乎都会凌驾于他们的意愿之上，操纵萨莉，满足她自己的要求，而这往往是以牺牲吉姆和（或）萨莉的个人想法为代价。

焦躁的吉姆和怀孕的萨莉就是在这时走进了我的办公室。

第三幕：地位，地位，地位

弗朗辛来找我，我们聊了五分钟，我就已经知道了后续的情节。她的故事，或者说，她这个类型的故事，对我来说十分熟悉。

弗朗辛是一名很有魅力的 26 岁女性，她在一家优秀的企业做商业地产经纪人，她在这家公司工作的第二年，一位名叫阿尼的资深经纪人接近她，邀请她共进午餐。阿尼是公司里的业务精英之一，而阿尼居然知道自己名字，这让弗朗辛受宠若惊。更让她激动的是，阿尼是带着商业提议来的，并且对她来说，这个提议堪称奢侈。

两名经纪人一起工作形成合作关系，这在经纪人事务所非常常见。一名经验丰富的经纪人将一名年轻的后辈纳入自己的羽翼之下，指导她工作上的窍门，也是十分常见的事。但是，这样一位顶级的经纪人会主动提议来指导她，还是让弗朗辛很惊讶。

阿尼的提议是有理由的。他解释，他的妻子现在怀上了第二个孩子。他与妻子刚结婚的时候，一直忙于工作，常常周末加班，想要建立自己的事业。而就在他追求经济安全的同时，却错过了儿子的成长时光。他很后悔错过了那些足球赛、小联赛、音乐演奏会和学校表演。

如今，他即将要有第二个孩子，他想要缩减自己繁重的工作，花更多时间陪伴妻子与家庭。实际上，如果可能的话，他再也不想周末或深夜加班了。阿尼给弗朗辛的合作提议很简单，也很常见。考察期为六个月，然后他们会将这段合作关系以书面形式敲定。阿尼会让弗朗辛参与到自己的每一笔交易中来，以此为交换，外出调研、研究、深夜与周末的加班工作则主要由弗朗辛来做。她会学到很多东西，并且最终（阿尼从没明确说过是何时）获得更多报酬。

弗朗辛立即抓住了这个机会，他们就此达成了合作。事实上，除了为会议上所说的这一切感到狂喜，弗朗辛也很高兴地意识到，这是一家允许员工同时拥有成功的事业与家庭的公司。虽然她现在单身，但她希望有一天能结婚，并拥有自己的家庭。她再次感觉到，她是在为一家支持她努力实现"工作家庭平衡"的公司服务。

在接下来的六个月，弗朗辛从未如此努力地工作过。阿尼是一名天生的商业能手，他让弗朗辛始终保持着忙碌的状态。弗朗辛也开始深度参与每一笔生意，凌晨和几乎每个周末都在加班工作。她在这段时间内，自愿放弃了所有社交生活。阿尼则早早下班，也从没在周末来过。"好吧，"弗朗辛宽慰自己，"这是我自己选择的。"

就这样过了六个月，弗朗辛焦急地等待着阿尼正式结束考察期，并允许她能够获得一些之前承诺过的经济利益，但阿尼什么都没有说。

弗朗辛等了大概两周。她告诉自己，也许是阿尼太忙了，忘记了。她尝试着向阿尼提出这件事。然而，当她提到这个话题时，阿尼竟然发怒并且威胁要取消整个提议安排。

弗朗辛不知所措，像只受伤的猫咪一样躲回了自己的小隔间。

第二天，阿尼为自己的怒火向弗朗辛道了歉，但他还是对弗朗辛的考察期何时结束不置一词。弗朗辛决定，如果阿尼不先提起，那她就再等一周的时间。但阿尼一直没提起这件事。

从那以后，每次弗朗辛向阿尼提起她应该获得的经济回报，阿尼就会教训她，让弗朗辛要信任他。阿尼还威胁弗朗辛如果不相信他，那他就会取消合作。最终，弗朗辛说服自己要相信阿尼，告诉自己这也许是阿尼测试自己忠诚度的方式。弗朗辛发誓再也不提这个话题了。就这样又过去了三个月，她也确实一直没提。

一个周六傍晚，弗朗辛正打算离开办公室，阿尼桌上的电话响了。弗朗辛像往常一样接起电话，发现是阿尼的妻子菲莉斯。菲莉斯问是否可以让阿尼接电话。弗朗辛自然而然地答复，阿尼不在这儿。于是菲莉斯接着问阿尼是何时离开的。弗朗辛正要回答（也就是阿尼一整天都不在），突然顿住了。因为阿尼从不在周末工作。

弗朗辛觉察到其中的问题，又不想让阿尼陷入麻烦，于是对菲莉斯说了谎。她说自己也是刚到办公室，不知道阿尼何时离开的。通话结束，弗朗辛也就把这事儿抛在了脑后。

然而，下一个周六，相同的事又发生了。阿尼的妻子又打来电话寻找阿尼，询问他离开的时间。弗朗辛再一次为阿尼掩盖了过去，但是这一次，她无法再克制自己的好奇心。她打听到菲莉斯相信至少在这六个月里，阿尼每周六都和弗朗辛一起工作。

弗朗辛感到很疑惑。她决定周一找阿尼谈一谈。她向阿尼提起菲莉斯的电话，以及菲莉斯以为他每周六都在办公室工作，而自己以为他是在家陪伴妻子和孩子，阿尼却暴跳如雷。

弗朗辛受到了惊吓，不知所措，她向自己的朋友，也就是办公室里的另一名年轻女性准经纪人求助。弗朗辛又受到一次暴击。她的这位朋友很惊讶，弗朗辛竟然不知道阿尼正在与办公室里的一名年轻女见习生搞婚外情。除了弗朗辛，其他人都知道阿尼是个渣男，和好几位女性经纪人甚至客户有肉体关系。

弗朗辛又询问了办公室里的其他同事，阿尼的婚外恋已经是尽人皆知。阿尼似乎从结婚第一天就开始欺骗妻子。事实上，弗朗辛询问的人中，大部分都以为弗朗辛也在和阿尼交往，因为他们看上去"关系亲密"。

弗朗辛反驳了这种说法，并且试图解释那都是"工作关系"。有些同事会大笑着回答："噢，是的，没错。"

那个混蛋！弗朗辛心想。他一直在利用我帮他完成工作，假意许诺我很快能大赚一笔。他告诉我他想在周末陪伴妻子和孩子，让我做所有的重活累活。现在让我发现他一直在欺骗自己的妻子，并且这六个月的周末也从没在家待过。他竟然还道貌岸然地教导我信任与忠诚！

阿尼已经操纵了弗朗辛将近九个月，她得到的只有身心俱疲、压力、全无社交的生活、被糟蹋的名声和尴尬的窘境。

这就是弗朗辛来找我时面临的困境。

第四幕：可怕的青少年

十年级的女生如果转校将面临非常可怕的情形。

卡拉的父亲是纽约一名十分成功的电影导演，他接受了好莱坞一个著名工作室的工作邀请。于是他和妻子，还有 15 岁的女儿卡拉一起在夏末搬到了加州。这时，卡拉正好念十年级。

卡拉在东部的学校中一直"走在流行前端"。她的母亲会保证她穿着最"潮"的衣服，给她举办很酷的派对。对于卡拉来说，离开朋友搬到一个新城市并不容易，但她下定决心尽力而为、随遇而安。

卡拉的母亲则安慰她很快就会和新学校里的"酷"孩子成为朋友。然而，实际上卡拉的母亲对于卡拉能否适应新学校很焦虑。卡拉的母亲是一名军官的孩子，也就是一名"军人子弟"，每隔几年她都要随着父亲职位的调动，适应新学校和新同学，这对她来说是一段很艰难的时光。

"只要做你自己就好，"她母亲这样建议道，试图掩饰自己的担忧，"学校里的风云人物会张开双臂欢迎你的。"

但事情的发展并不如设想的那样顺利。新学校的确有这么一群"潮"人，但他们并不想和卡拉打交道。卡拉不是潮人中的一员，而且她的衣服都选错了。实际上，卡拉偶尔听到过两个女生嘲笑她的穿衣风格，她感觉到了窘迫与羞辱。

但是，卡拉依然决定要融入潮孩子中。她开始研究女生们的穿着，发现西海岸的酷和东海岸的酷是不一样的。虽然卡拉更喜欢自己的风格，但只要能融入潮人群体中去，她很愿意改变自己。

受到嘲笑那天卡拉流着泪回到家。她告诉母亲，她讨厌自己现在的衣服，她需要新东西来融入大家。卡拉的母亲自然不希望女儿被孤立，当晚就带她去商场做了一次大采购，让卡拉在这一周都有合适的衣服能穿。那个周末，卡拉抛弃了她所有的"旧"衣服，母女俩又去了一次商场。

在接下来的周一，怀着极度想被纳入群体的渴望，卡拉问"风云人物"，她是否能够与他们共进午餐。这些风云人物不情不愿地挪了挪位置，让卡拉坐在他们吃午饭的长椅末端。其中一个女生称赞了她的穿着，这让卡拉感觉好了些。这就像是一次破冰。另一个人问卡拉她的父母是做什么的，卡拉大肆宣扬了一番她父亲的名气。她还让大家知道她们家很有钱。当她打开钱包付饮料钱时，这些人也能看见里面一叠一叠的钞票。女生们于是有了兴致，开始讨论去哪里买衣服、鞋子和化妆品。午饭后，卡拉相信她在人际交往方面迈出了切实的一步。

然而，这些"受欢迎的"女生不会让人轻易进入她们的小圈子。对她们来说，卡拉很明显愿意为了受欢迎做任何事情。因此，她们决定让卡拉"花钱"来获取进入小团体的资格。

放学后，如果这些"受欢迎的"女生想要喝苏打水或吃冰激凌，她们会让卡拉花钱。如果她们去吃比萨，也是卡拉在收银台付钱。尽管卡拉有时会受邀放学去购物或聚餐，但她还从未被邀请参加那些有"潮"男的派对。当卡拉鼓起勇气询问是否能让她参加派对，有些女生告诉她，不久之后她就可以参加了。

与此同时，卡拉的母亲，也就是我的病人，对所有发生的一切都不知情。由于她自己的焦虑与年少时的不快经历，卡拉的母亲变成了一个有求必应的人。卡拉能够操纵她的母亲，让她给自己越来越多的钱，这样她就能用这些钱来招待"朋友"。然而她所谓的朋友并不邀请她参加周六晚上的派对,卡拉的母亲不忍心告诉女儿,她只是被利用了,而是极力鼓励卡拉去和其他女生交朋友。遗憾的是,卡拉觉得太晚了。的确有一些女生之前试图和她交朋友,但是由于她们并不是潮人组的成员,卡拉对待她们的态度很糟糕,拒绝了与她们吃午饭、在放学后喝苏打水的邀请。卡拉觉得自己已经彻底毁了友谊之桥。

潮人组的几个女生给卡拉提了一个建议:"让我们看看,你有能力办一个超级酷的派对,这样你就能加入我们了。"这些女生甚至已经构思好了一个现成的派对:在本地水疗馆享受一整天的按摩、美甲与美容。

卡拉知道,她可以让她父亲来为这场水疗派对付钱。

当她父亲回到家后,卡拉极其巧妙地向她父亲发起猛攻,主要是引发她父亲的内疚感。她对父亲说,搬到这里是他的主意,是他让自己交不到新朋友。她甚至发动眼泪攻势。于是她说出水疗派对时,她父亲立刻就同意了,只希望能够以此减轻自己的内疚感、让女儿停止哭泣。

第二天,卡拉宣布,派对的时间定在两周之后的周六。女生们的回答是一份"被批准的"宾客名单,上面有 15 名女孩儿。当卡拉告诉母亲这场派对以及 15 人的名单时,她母亲算出每个女孩儿的费用会超过 250 美元。她母亲希望宾客名单可以缩减为 7 人,否则这场派对可能就要取消。

当卡拉的母亲丢出这个爆炸信息时，卡拉彻底爆发了。她陷入了歇斯底里的状态。她流着泪痛苦地解释，她已经宣布了这场派对，不可能取消。如果有变动的话，她会被羞辱，以后就别想交到朋友了。如果她"不邀请"名单上的人，她就会被永远排除在社交圈之外。

在卡拉三小时不停的情感宣泄之后，她母亲无奈地屈服了。

这场派对似乎十分成功。所有女孩儿都说她们玩得很开心。自从搬到西海岸以来，这是卡拉第一次脸上带着笑容入睡。

但这个笑容只持续到了周一早晨。当她出现在学校时，卡拉以为自己会被欢迎成为潮人组的一员。这个小团体却十分善变，既然她们已经从卡拉那里得到了她们想要的东西，卡拉对她们来说就没有利用价值了。她突然被抛弃了，所有参加了水疗派对的女孩儿都对她冷漠以待。

卡拉被残忍地操纵了，因为这些女孩知道，只要她们始终不接受卡拉，她们就可以随心所欲地摆弄卡拉。这就是她们的行为模式。这样的事，她们之前已经对其他想要加入这一团体的人做过很多次了。

当然，在此过程中，卡拉也对她的父母，尤其是她那没有安全感的母亲，进行了操纵，以此来满足她自己那些昂贵的念头，来让自己受欢迎。

卡拉的母亲觉得自己对女儿的痛苦负有责任。于是，在那个周一下午，卡拉的母亲带着她心烦意乱的女儿来参加了家庭联合治疗。

第五幕：双重挤压

瓦莱丽感到岁月不等人，这让她十分紧张。瓦莱丽现在 37 岁，至今未婚。她和杰伊交往了三年，两年前开始同居。杰伊曾经结过一次婚，没有孩子。

这段关系开始的时候，瓦莱丽就很清晰地说出了自己的渴望，她想结婚生下孩子。杰伊则说他喜欢孩子，只要他确定自己找到了对的人，他很乐意成为一位父亲，也相信第二段婚姻会成功。杰伊经历过父母婚姻破裂，所以他说绝不希望自己的孩子经历这样的伤痛。

杰伊的第一段婚姻以激烈的纷争告终。他为此付出了很多钱，也很伤心。这也给他留下了很深的伤痕，让他很难做出承诺，以避免再一次失败。

瓦莱丽确信，她就是杰伊的"真命天女"。她搬去和杰伊一起住，虽然没有得到杰伊的承诺，但她感觉结婚已经近在眼前了。然而，她把行李卸下的瞬间，这种感觉就消失了。

他们同居后不久，瓦莱丽就提起结婚。杰伊解释说，尽管他很爱瓦莱丽，但是他经历过一段失败的婚姻，他希望在做出另一个"最终"决定前，能更肯定一些。他对瓦莱丽说："相信我。给我点时间。我只是需要再确定一些。现在，让我们换个话题吧。"然后，他就拒绝再讨论结婚相关的话题了。

然而时日一长，瓦莱丽即使间接提到婚姻，杰伊也会变得烦躁。

同居生活的一周年之际，瓦莱丽希望能收到一枚结婚戒指，然而她只收到了鲜花。瓦莱丽掩藏不住她的失望。她哭泣着坚持，希望能够讨论他们的未来。

杰伊生气地拒绝了。杰伊甚至不愿意听一听瓦莱丽的需求与忧虑，他们激动地争吵，杰伊站起来大叫："看看我们在干什么？我们在吵架！我就知道会发生这种事。这就是我不想结婚的理由。我的第一段婚姻就像这样，永远在吵架。除非我能确信我们合得来，否则我绝不会结婚！"说完这些，他就夺门而出。

瓦莱丽让自己慢慢平静下来。她很爱杰伊，并且很害怕逼得太紧，杰伊会离开自己。她告诉自己，再给杰伊多一点时间，她劝告自己，再耐心一些。几个小时后，杰伊回家了。瓦莱丽向他道歉，说自己不应该让他心烦，并请求他的原谅。杰伊冷淡了她好几天，才最终恢复原来的样子，于是他们又回到了正常的快乐生活。

在此之后，只要瓦莱丽稍稍提到婚姻或孩子的话题，她就会看到杰伊下颌收紧。她知道，如果她不立刻放弃，转换话题，杰伊一定会爆发，他们又会开始吵架。杰伊的怒火也给她留下了伤痕。讽刺的是，瓦莱丽并不是喜欢吵架的人。她不喜欢与人发生冲突与对抗，并且会竭尽全力去避免发生争吵。

然而，瓦莱丽年纪也不小了，她的生理时钟在嘀嗒作响，而她还没有结婚。她越来越沮丧，脾气也越来越大，她只能努力尝试去克制。

这是典型的双重挤压。杰伊对她进行操纵：只要她什么都不说，就能避免他的怒火，但这样瓦莱丽就永远也结不了婚。如果她诚实说出自己的感受，他们又会争吵，然后杰伊就会说："哈！这就是为什么我害怕结婚。"瓦莱丽最害怕的是杰伊会厌倦这样的冲突，离开她。

瓦莱丽已经被操纵，而她想要结婚与拥有孩子的真挚梦想正摇摇欲坠。她在这时来找我。

你已经看到，在这五个真实案例中，操纵是如何实现的，让我们转向你自己的生活。在第 3 章，你可以对自己进行评估，你在各种操纵手段下，究竟有多容易中招。

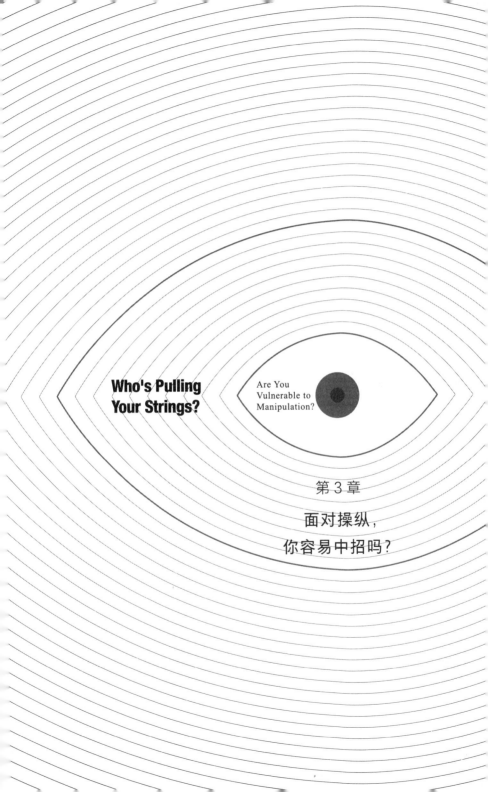

Who's Pulling
Your Strings?

Are You
Vulnerable to
Manipulation?

第 3 章

面对操纵，
你容易中招吗？

Who's Pulling Your Strings?

Are You
Vulnerable to
Manipulation?

任何人、每个人都抵挡不住一名技巧纯熟的操纵者，尤其是那些能够很好地伪装或掩藏自己动机、意图和手段的操纵者。然而，尽管在特定的情境下，任何人都可能被操纵，可是有些人如同行走的靶子：他们看起来就像是会被操纵的对象。

这些人会展现出某些个性特点、行为以及思维方式，这让他们格外容易被操纵控制。在第 4 章你会了解到，这些倾向会成为操纵者手中的"按钮"，只要按下这些按钮，操纵者就可以将这些人引入胁迫式影响的大网。

对于操纵者来说，你是容易上手的目标吗？回答下面的问题，你会寻找到答案。

你对于操纵者来说好上手吗？

阅读下面每一条描述。如果这条描述对你来说完全符合或大部分符合，请圈选 T；如果完全不符合或大部分都不符合，则圈选 F。每一条都必须在 T 或 F 中选择，不存在中间选项。

    1. 我应该一直努力去取悦他人，让他们高兴。

T   F

    2. 我一直需要来自别人的认可。   T   F

    3. 我对他人有多好，他人就应该以同样的宽容与关心回报我。   T   F

    4. 我经常感觉对于自我没有很清晰的认识。T   F

    5. 其他人永远都不应该拒绝或批评我，因为我始终在竭尽全力匹配他们的期待、需求与愿望。   T   F

    6. 对我来说，很难拒绝朋友、家人或是同事的要求。

T   F

    7. 通常来说，与人为善的自我要求让我无法对他人表现出负面情绪。   T   F

    8. 我相信冲突无法带来好结果。   T   F

    9. 我相信，我身上发生的大多数事都是因为别人的控制，而非由于自己的主导。   T   F

    10. 在我生活的方方面面，我总是特别在意其他人如何看待我。   T   F

    11. 我应该始终去做别人期待或需要我去做的事。

T   F

12.如果我没有将别人的要求优先于我自己的，我会有很强的内疚感。　　　　　　　T　F

13.比起自己的意见和判断，我更仰仗于别人的意见和判断。　　　　　　　T　F

14.我对自我价值的判断，来源于我为他人付出了多少。　　　　　　　T　F

15.我相信，人们喜欢我，是因为我为他们所做的一切。　　　　　　　T　F

16.我很少会拒绝那些需要我帮助或希望我帮个小忙的人。　　　　　　　T　F

17.我很难自己做决定。　　　　　　　T　F

18.如果不考虑其他人是如何看待我的，我很难描述自己究竟是怎样的人或自己的想法、感觉。　T　F

19.其他人如果表现出怒气或敌意，我很容易会被吓住。　　　　　　　T　F

20.其他人应该永远不会对我生气，因为我总是不遗余力地避免任何冲突、发怒或与他们的对抗。T　F

21.让生活中的所有人都喜欢我，对我来说格外重要。　　　　　　　　T　F

22.我感觉，我需要做让他人开心的事，以获取他人对我的爱与认可。　　　　　　T　F

23.虽然我想拒绝他人的请求，但是最终我总是会

答应。 T F

24. 为了避免冲突，我可以做出一切退让。 T F

25. 我认为，如果我不为其他人付出，他们就会质疑我作为人的价值。 T F

26. 我相信，我身上发生的一切，基本都是因为运气、机会和其他人的善意，而非自己的努力。 T F

27. 我应该一直将别人的需求放在自己的需求之前。

                                                    T F

28. 我觉得，如果我周遭的人变得狂躁、生气或具有侵略性，我有责任让他们冷静下来。 T F

29. 我从其他人那里得到的关于如何经营生活的反馈总是让我很迷惑。 T F

30. 我希望所有人都能认为我是一个好人。 T F

31. 我相信，如果有人对我生气，错的往往是我。

                                                    T F

32. 我几乎从来没有反对或质疑过他人的意见，因为我害怕这样可能会引发冲突或对抗。 T F

33. 如果我不再将他人的需求放在第一位，我就会变成一个自私的人，其他人就会不喜欢我。 T F

34. 我相信我应该始终做一个好人，即使这意味着允许其他人利用我的善良。 T F

35. 我感觉我的价值几乎完全来源于我为别人做的

事以及别人对我的看法。 T F

36. 我在很大程度上依赖于他人对我的看法来形成自我认知与自尊。 T F

37. 基本上来说，我所做的每一个决定都需要询问很多人的意见。 T F

38. 我觉得我对避免或最小化负面事情对我的影响无能为力。 T F

39. 在做出重要的决定之前，我似乎需要得到所有人的允许。 T F

40. 我相信，我最好保持微笑，藏起生气的情绪，而非将它们表达出来，从而导致出现争吵或是冲突的风险。 T F

如何给你的答案打分，并进行解读

选 T 得 1 分，选 F 得 0 分。

加总得分，如果总分在 31~40 之间，那么你极其容易会被操纵。很可能你的大部分人生都在受人操纵。以目前的状况看，对于操纵者来说，你几乎就是个确定的"活靶子"。

如果总分在 21~30 之间，那么你也很容易会被操纵。你可能经历了好几段操纵关系，并且在未来也很容易会中招。

如果总分在 11~20 之间，那么你有一定的可能会被操纵。在某些情况下，操纵者能够很好地控制你。

如果总分在 1~10 之间，那么你只有些微可能会被操纵。但是，你并不是完全免疫的，也没人是完全免疫的。

如果你的得分是 0，那么你对于操纵者来说就不是一个容易控制的目标。但是，如果你觉得你完全不可能会被操纵，那就错了。记住，在特定的情境下，任何人都可能会落入娴熟操纵者的陷阱。这种情境，你也可能会碰到。

回过去再看一下你选择了 T 的问题描述。思考一下这些个人特质会如何被操纵者利用，从而使你受人控制。实际上，每一条描述直指你的行为、心态与个性特点的支柱，也就是你的信念。这些信念正是掌握在操纵者手中的按钮，他们发现了你的脆弱点。后文你就会了解到，这些按钮代表着那些让你在操纵者眼里变成活靶子的错误思维方式。

在第 4 章中，你会学习到这些思维方式是如何以及为何让你在操纵者眼中变成好操纵的猎物。在第 13 章，我会介绍一种认知疗法，这是一种设计得恰到好处的方法，有助于矫正你的错误思维方式，使你不再轻易被操纵者盯上。

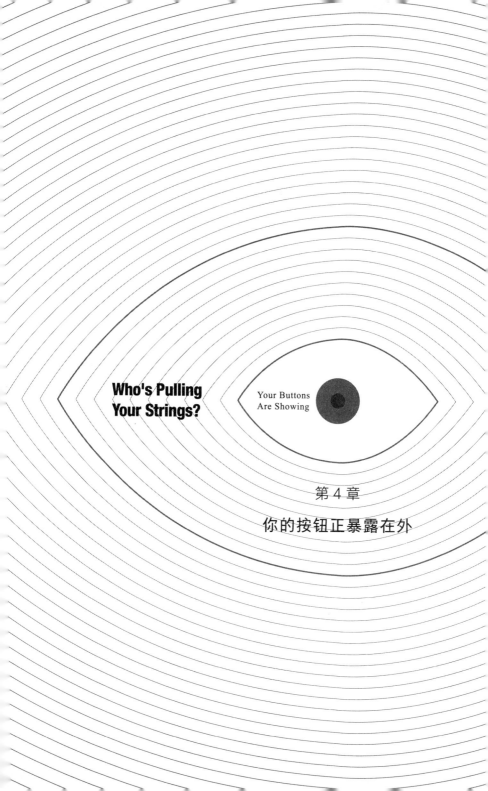

Who's Pulling Your Strings?

Your Buttons
Are Showing

第 4 章

你的按钮正暴露在外

Who's Pulling Your Strings?

Your Buttons
Are Showing

本章我们将开始更深入地研究那些让你被操纵者盯上的个性与倾向。我希望帮助你更加清醒地认识，你无意间暴露在别人眼中的那些让你容易成为操纵者目标的敏感点"按钮"。后文我们还会讨论你能够做些什么来让自己不那么容易成为操纵者的目标，以使你尽量避免被控制。

我的目的不是解释你为什么以及如何形成了这些脆弱点。真正意义上讲，探讨"为什么"是一个很奢侈的问题。探索你为什么会成为重点目标也许很有趣，但是更重要的是改变你的思维方式与行为，从而降低你受影响的程度。因此，你为什么会形成这些易受操纵的脆弱点并非本书的主要目标，本书最看重的是你能够更有效地意识到这些弱点，并且最终找到保护自己不受操纵的方式。

我必须要重申这一点：任何人、每个人在面对经验丰富的操纵者时，都可能会受影响，尤其是当操纵者小心伪装与掩藏自己的动机、意图与手段的时候。如果你是一名受害者，那么你不是一个人。然而，你也要了解某些特定的人非常容易被操纵者盯上。在第 3 章中，你已经知道了自己的脆弱点得分。鉴于你有可能就是容易被操纵的那一类人，让我们先看看，潜在的操纵者是如何盯上你的。

你的按钮是什么？

操纵者是通过哪个按钮来向你施加压力的？操纵者盯上的目标，会在他们的个性中展现出这全部七种或某几种脆弱点。这些个性化的思维方式、感受方式和行为方式让他们很容易中操纵者的招。

想一想这七种构成你按钮的脆弱点。无论你是否意识到了它们，你的按钮正暴露在外。操纵者往往在控制他人以满足自身需求与目的上很有经验，也就在识别目标上有着自己的第六感。他们通过寻找人们个性中容易被他们利用的地方，来选取目标。通常他们很轻松就能做到这些，因为一般人都毫无戒备，将自己的按钮暴露在外。而对于你来说，这就如同在广而告之自己的秘密。

你很可能会发现自己有好几个方面的脆弱点，因为你所有或绝大部分的按钮都和我描述的一样。这是可以预见的，因为这些按钮之间从心理学角度看都是相互联系的。

远离操纵关系、迈向安全地带的第一步，取决于你发现、识别与理解自身按钮或脆弱点的能力。可能你已经感觉到某些或所有这些脆弱点，因为它们正是你生活中的压力或问题的来源。但是，你可能并没有完全认识到，也正是这些脆弱点在让你反复成为操纵的受害者这件事上扮演了怎样的角色。

第一个按钮：
你有取悦症——取悦他人的习惯与倾向

有"取悦症"的人习惯或倾向于取悦他人，而这样的习惯倾向并不是好事。取悦他人是一个奇怪的问题。乍一看，它似乎根本不像个问题。实际上，"取悦他人者"这一标签看起来更像是称赞或讨人喜欢的自我描述，你会很骄傲地将它作为一种荣誉勋章。成为取悦他人者不是很好吗？它难道不应该是一件好事？

真相是，取悦他人是对一种思维、感知、行为模式的美化，它可能会发展成严重而影响深远的心理问题。"取悦症"，或者说取悦他人综合征，是一种强迫性（甚至上瘾性）的模式。取悦他人的人会感觉被取悦他人的需要所控制，并且习惯于获取别人的允许。与此同时，一味取悦他人会给你的生活带来压力与要求，而这些压力和要求会不受你控制。

如果你有"取悦症"，你会极力取悦他人，而并不只局限于不拒绝别人或过于优先为他人服务。如果你是一名取悦他人的人，你会常常感到别人需要你，或对你有所期待，而你的情感仪表盘会因此卡住。只是感知到"也许有别人需要你的帮助"，就足以让你不停地取悦他人，形成压力。

问题在于，当你患有"取悦症"时，你的自尊完全建立在你为他人做了多少事、你在取悦他人时做得有多成功之上。你也许会认为，满足了他人的需求，你就掌握了神奇公式，能够用它来获得爱与自我价值，使自己免于被抛弃和拒绝。然而，事实上这一公式具有严重的缺陷。它并不起作用。此外，取悦他人会让你受到伤害，因为你在照顾他人需求时，往往会牺牲你自己的需求。

取悦他人者为了善待他人，付出了太大的代价。如果你是一名货真价实的取悦他人者，你就会知道"友善"这个概念对于你的自我认知来说有多重要。取悦他人者深深希望他们能被看作好人。他们的身份认知取决于他们有多好。

然而，做好人的代价就是人们可以操纵并利用你想要取悦他们的意愿。你的善良会让你对正在被操纵和利用的事实视若无睹。毕竟，对你正在拼命取悦的人的动机提出质疑是不好的，不是吗？

更糟的是，即便你感觉到了自己正在被操纵，可是你实在太善良了，所以不想直接对抗、批评或开展直接、直率、坦白的对话，而这些都是阻止操纵者、保护你个人利益所必需的手段。

"我应该做什么"，这样的思维是有毒的，且是自毁性的，而正是这样的思维污染扭曲了取悦他人者的思维方式。一味遵守你认为自己应该做的事，正是取悦他人的压力来源。这些存在于认知中的应做之事，让你始终很容易被别人操纵。

取悦他人的心态能够被归结为两类"教义"，第一类我称之为"取悦十诫"：

1. 我应该永远做那些别人想要我做、期待或需要我做的事。

2. 我应该照顾好身边的所有人，无论他们是否向我寻求帮助。

3. 我应该永远聆听所有人的问题，并竭尽全力解决这些问题，无论我是否被要求这样做。

4. 我应该永远与人为善，绝不伤害任何人的感受。

5. 我应该永远将他人放在自己之前。

6. 我应该答应所有有求于我的人。

7. 我应该永远不让任何人失望。

8. 我应该永远保持开心乐观，绝不向他人表现出任何负面情绪。

9. 我应该永远努力去取悦他人，并让他们开心。

10. 我应该永远不要用自己的需求或问题去麻烦别人。

取悦他人的第二类"教义"，我将它称为对他人行为要求的"七宗应做之罪"：

1. 其他人应该因为我为他们所做的一切而感谢并且爱我。

2. 其他人应该始终喜欢我认同我，因为我十分努力地去取悦他们。

3. 其他人应该永远不能拒绝或批评我，因为我一直在努力不辜负他们的期望与期待。

4. 其他人应该友善地对待我，照顾我，因为我如此善意地对待他们。

5. 其他人应该绝不伤害我或不公正地对待我，因为我对他们特别友善。

6. 其他人应该绝不离开我或抛弃我，因为我做了很多来让他们需要我。

7. 其他人应该绝不对我生气，因为我愿意倾其所有来避免与他们的冲突、怒火或对抗。

这些取悦他人的应做之事，让你产生内疚感与义务感，从而被操纵。对他人福利与幸福怀有的过度责任感，会成为操纵者可以利用的杠杆，他们会以此来引出你的内疚感与义务感，并控制你的行为。更糟的是，仅仅感觉自己会内疚，以及想要避免内疚感，就会成为操纵者的一件武器，被操纵去做自己并不想做的事。

取悦他人者往往会将他们的顺从与屈服归结为：他们无法忍受内疚感，所以他们会满足任何要求，即便这些要求只是他们自己认为的。

取悦他人的习惯与心态完全就是在泄露自己致命的秘密。如果你有"取悦症"，操纵者远远地就能盯上你。

第二个按钮：你沉迷于获取他人的认可与接纳

当你"上瘾"后，你会感觉自己必须努力获取其他所有人的认可与接纳。更甚者，无论代价为何，你都需要避免任何批评、拒绝与抛弃。

你的与人为善，核心其实是对拒绝与抛弃的深深恐惧。取悦他人者往往相信，只要待人友善，总是为他人付出（即使以牺牲自己的利益为代价），就能够避免拒绝与抛弃的恐惧感。

重视他人的认可并没有错，尤其是重视你所爱、所尊敬的人的认可更是人之常情。想要被他人喜爱是人的天性。

然而，当这种渴望变成了强制，也就是说，你将它们视为情感维系的核心，并将不认同、拒绝或批评的后果视为灾难，你就进入了危险的心理误区。你会发现你进入了操纵的世界，并且会受到操纵者的胁迫控制。

当他人的认可不只是一种愿望，而是一种强制时，你就成了操纵者的目标。如果你沉迷于此，你的行为就和瘾君子一样容易被控制。操纵者只需简单两步：给你渴求的东西，威胁要拿走你渴求的东西。

毒贩都是这样做的。你若是对别人的认可上瘾，就要永远面对失去别人认可的恐惧。

首先，操纵者会让你获得他（她）的认可与接纳。但是，请牢记，就像任何上瘾者一样，你会消费掉所有你收到的认可、接纳与积极反馈。在你的心理经济世界中，并没有储存或是保管认可的概念。无论你今天收获了多少喜爱与认可，它都不会延续下去；明天你会再次感受到对获取认可的渴望。无论你今天已经收获了多大的认可，明天你依然要面对失去认可与接纳的深刻恐惧。这是一个恶性循环，也是操纵者驾轻就熟的手段。

这样，第二步也就很清晰了：一旦你迷上了操纵者的认可与接纳，他（她）所需要做的仅仅是威胁你会收回他们对你的认可。实际上，鉴于你是一名对别人的认可上瘾的患者，他们甚至不必直接说出威胁不再认可你的话。换言之，他们都不需要说出来或者十分直接地威胁你要拒绝你，不再认可你、接纳你。对你来说，这种威胁无言地存在于各处。

矛盾的是，你越是待人友善、取悦他人，以保证他们对你的认可与接纳，你就越没有安全感。你越是想表现得友善而不是表露真情实意，你就越是会被反复出现的疑虑、不安全感与持续的恐惧所困扰。

如果你的认可上瘾症状由来已久，那么在操纵者眼里，你最暴露在外的按钮，就是你愿意做任何事，来避免不被认可、拒绝，以及最糟糕的，被抛弃。

在逐渐成为操纵性的恋爱关系或是情感纠葛中，害怕被抛弃这一想法，正是控制的关键杠杆。

第三个按钮：
你有"情绪恐惧症"——你害怕负面情绪

认知行为治疗学家大卫·伯恩斯（David Burns）提出了"情绪恐惧症"这一名词，用来指称对于负面情绪的过度或非理性恐惧。具体来说，恐惧的对象包括怒火、侵犯、敌意以及引起这些情绪的冲突与对抗。如果这就是你的敏感按钮，那么你会愿意付出一切代价来避免怒气、冲突与对抗。

如果你害怕冲突、对抗与怒气，那么这就是你暴露在外的按钮，操纵者要做的就很简单了。操纵者能够用恐吓轻易地控制你的行为，比如说抬高声音和（或）暗示你他（她）的怒火已经在爆发边缘了。当这个按钮表现出来，操纵者只需让你感觉到怒气或冲突可能要爆发就可以了。你很可能会屈从于他人的操纵，以避免可能会出现的怒火或冲突。

你甚至可能会为操纵者完成他的工作：你会在心里构想出操纵者生气的场景，即使他暂时还没有怒气爆发的迹象，你也会先退一步，努力避免这样的情况。操纵者有可能根本不在现场，但你的"情绪恐惧症"越发严重，你甚至可以在心里模拟出操纵者的反应，并且最终让自己乖乖屈服于操纵。

害怕负面情绪，真正的危险是你越想避免去处理它们，它们看起来就越可怕、越难以控制。你越是避免去面对负面情绪，你就越是无法有效、合适地处理它们。

讽刺的是，尽管你可能没有完全意识到这种联系，但你越是让操纵者控制你的行为，你就会变得越愤怒。

那么，我们能够或者说需要避免怒气、冲突与对抗吗？事实上负面情绪内置于人类天性之中。这意味着我们所有人在生理设置上自然就会感觉到怒火，并且会在别人伤害我们或伤害我们所爱、所关心的人时予以反击。想要完全避免负面情绪，既不值得，也不可能。

怒火，并不一定是不好或不健康的。极力掩饰、伪装、忽略或避开怒火，来抑制或长期压制怒气才是不健康的。你是否发现自己在表面上否认对另一个人的怒火与愤恨（尤其是当那个人在操纵与控制你时），但内心却深感焦虑、恐慌与压抑？

根据心理学上的定义，沮丧来自你对自己的愤怒。在沟通不足、无法直面问题来加深相互理解，以及无法获得解决措施的关系中，焦虑、失眠、易怒的症状就会伴随而来。

我们能够也应该以建设性的手段来处理冲突。只有这样做，我们才能够从人际关系中获益。避免冲突并不能证明关系良好。恰恰相反，它意味着严重的问题与沟通不畅。

第四个按钮：缺乏魄力，无法拒绝别人

如果你是一名取悦他人者，并寻求所有人的认可（也就是按钮一和按钮二），那么你很可能也会是一个无法对别人说"不"的人。"好"这个词也许是对取悦他人者个性的最好描述，"不"这个词则基本不会出现在他们的生活中。如果你是一名取悦他人者，那么十有八九，你很难拒绝来自任何人的直接或间接要求、需求、欲求、邀请或请求。

拒绝他人会让你感到内疚或自私，你将拒绝他人等同

为让他人失望。而长期的不拒绝，则让他人习惯了你的顺从。甚至你自己也会觉得，有求必应是你的唯一选择。

显然，你表现出的不设限制与边界，以及无法在某些时刻拒绝某些人的行为，让你很容易被操纵。毕竟，如果你无法说"不"，无论是谁，让你按照他们的意愿行事，又有多难呢？缺乏自信，让你被经验丰富的操纵者玩弄于股掌之中。

仅仅想到要说"不"或可能要说"不"，就足以让你觉得紧张和焦虑了。你每一次败给自己的恐惧，答应别人"好的"，来减轻自己暂时的焦虑，都强化了无法拒绝他人的习惯。然而，你下意识的顺从，长期来看只会让你付出沉重的代价，并且会被操纵者利用。

如果你和其他取悦他人者一样，那么你不愿意说"不"的心态，可能是因为你预计拒绝他人会引发他人负面、生气的回应。这样看来，缺乏自信这一按钮，与害怕负面情绪、极力想要避免冲突与对抗是紧紧相连的。

如果你害怕拒绝会引发他人的怒火或造成你们之间的冲突，如果你倾向于极力避免冲突与对抗，那么你无法拒绝他人的习惯就会被不断强化，你每顺从一次，它就会变得更顽固。那些操纵你的人总能因为你自愿的顺从而乐此不疲。

拒绝他人也许会让你觉得内疚、焦虑以及不适，因为经年累月压制自己说"不"的渴望，让你的挫败感不断累积。一旦有发泄的机会，这样的挫败感就可能爆发为怒火。无怪乎取消说"不"的禁令会让你满怀焦虑。你的恐惧，更多是因为你长期压抑的愤恨以及你最终说"不"的极端方式（尖叫着说"不"），而非对"不"这个词本身。

但是，正如你可能已有所知，当你总是说"好的"（尤其是当你其实真心是想拒绝时），最终你会发现，你只是在无趣地混日子，无论是谁提出要求，你都会将自己宝贵的时间和资源花在他们身上。实际上，你的唯命是从会让你臣服于那些想要控制与操纵你的人。

你拒绝说"不"的心态，可能也和你的自尊有关，你认为自尊源于为他人付出。按照这样的观点来看，拒绝别人的要求，你就无法为他人完成任务、给他人提供帮助，也就失去了为他人付出的机会。如果你是一名典型的取悦他人者，你的自我价值取决于你为他人所做的事，那么你不愿意放弃一个让自己的成果更多一项的机会，也是可以理解的。

然而，如果你一直是一名取悦他人者，不够自信，也无法在某些时候拒绝某些人，那么你终将会面临这样的困境：尽管至少迄今为止，你都在全心全意、尽全力去满足几乎每个人的要求，但你的精力终将耗尽。与此同时，你也在不断将对自己的控制，拱手让给需要你时会对你提出要求的操纵者们。

　　学会说"不",是增强自己对操纵的抵抗力的必要步骤。

第五个按钮:湮没的自我

　　有些人深陷"湮没的自我",对于自己的身份、源于何处、终于何处、感觉与满足谁的需求、灵魂深处最优价值的东西,只有模糊的认识。你是这样的吗?

　　这个按钮,既是被操纵的起因,亦是被操纵的结果。你越是让自己成为他人手中的棋子,在你自己与他人眼中,你自己的身份个性就越不明晰。

　　如果你同意这一论述,即"除开那些你为他人所做的事,你不知道自己究竟是谁,又究竟为谁",那么这一按钮就是你的脆弱点。有些人感觉自我在逐渐模糊,他们将这种经历形容为隐形,他们有着与他人不同的需求与特点,却往往被无视。甚至你也许会在梦里或半梦半醒间感觉自己真的在缩小。

　　模糊的身份意识与自我感知,往往根植于童年经历中,这些经历会干扰、阻碍自我的健康发展。这可能来自父母的负面反馈,也可能来自其他在儿童生活中扮演着重要角色的人的负面反应,孩子们反复听到负面反馈,并最终

"了解到"他们自己的意见根本不重要，认为自己不够聪明或不够能干，这些儿童一直被要求顺从更有权势、更具权威的人的意愿。

当你的身份模糊而失焦时，你会感觉自己与真正的自我产生了异化，和他人产生了疏离。当你没有清楚地向别人展示自己，设定合适的界限、说"不"、为自己争取权利，定义出你的边界，其他人就会将他们的意念强加于你，用他们的想法定义"你是谁"，或者更准确地说，就是他们用他们需要你成为的样子，强加于你的身份个性之上。

心理学家有一种传统的测试来分析人的个性，即罗夏墨迹测验（Rorschach）。它包含了一系列卡片，每张卡片上都有模糊不清的墨迹，测试对象会被要求将它们当作画来"看"。这项测验的理论是：每个人都会将自己"需要"看到的东西投射到模糊不清的墨迹上去。

当你展现给世界的是一个身份个性模糊不清的自己时，你就是在邀请其他人根据他们的需求和意念来塑造你。我将其称为罗夏现象。

身份个性模糊、自我意识逐渐湮没的人，是操纵者的猎物。日积月累，操纵关系只会越来越严重地削弱侵蚀受害者的个性与身份。

如果你对自己的身份个性没有肯定且清晰的认识，就很容易被操纵，而且几乎肯定会被操纵者盯上。

第六个按钮：自我信赖意识低

自我信赖意识低，意味着你不相信自己的判断与反应，以及由此导致的对自我引导能力的损害。这一按钮与第五个按钮紧密相连。

对自己的认知模糊不清，会削弱你对自己判断能力的信任。如果你无法依靠你自己、你的判断和你的价值观来做决定，那么你必然会更倾向于依靠别人的判断与指引来解决问题。当这个决定与人际关系有关时，这种情况尤甚，而别人会希望能够在这段关系中操纵你。

如果你不想成为操纵者的目标，就要成为一个自我导向的人。如果你不能自我疏导，不相信自己的判断与价值观，你就会越来越依赖他人，这样你必然会受到他人的控制，满足操纵者的目的与利益。

自尊心强的人，比起自尊心不那么强的人，一般会更加信赖自己，所以在人际交往中更多按自己的意愿来做决定的人，会因此变得自尊心更强，这并不奇怪。简而言之，如果你不把自己当回事，尤其是如果你甚至没法看清你自己（第五个按钮），你就很难在人际交往中展现出独立、自主、自我信赖的一面。

这种情况下，你会严重依赖他人的判断、意见与决策，甚至胜过自己，而这样做只会招惹来各种类型的操纵者。

自我信赖程度低的人，总是倾向于询问其他人（几乎是他们认识的每个人）的意见和建议，无论是做决定、解决问题，还是购物、换发型、找娱乐方式、做生意，或几乎任何需要他们做主的事情，他们都要问别人。往往询问了太多人的意见，让事情变得更复杂。而且自我信赖程度低的人往往也不相信自己有能力整理和吸收自己苦苦寻求来的多方面意见，这就需要其他人来帮助他们理解别人说的话。只要需要决定，他们就会觉得焦虑犹豫。

增强你做决定的能力，尤其是消除决策后的懊悔（也被称为"买家的懊悔"）的技巧，对提高自我信赖十分有帮助。无法依赖自己的判断力、无法自己指引自己做出选择，你就始终都是操纵者的主要目标。

第七个按钮：外控制点

控制点（locus of control，简称 LOC）是一个心理学名词，指的是你如何以及在何种程度上将事件发生（或未发生）的原因归咎于自身。外控型的人普遍认为他们生活中发生的事，更多是由别人或外部因素引起，而非自己所能控制的。相反，内控型的人则相信，发生在他们生活中的事，主要是由自己控制的。

控制点（LOC）反映了你的生活经历以及你习得的理

解与看待世界的方式。内控型性格并不意味着你认为自己能够控制所有的事情，也不意味着你不相信自己有更高的力量，或是你没有意识到自己能够控制的范围。比如说，相信自己能够控制天气，就不是一个健康的内控点，而仅仅是一种妄想。

另一方面，相信自己的成功很大程度上是自己努力付出的结果，相信自己在学校获得的成绩来自自己的能力与努力，则是正确健康的内控点的例子。

研究表明，内控型的人会比外控型的人拥有更高的自尊。结果就是，内控型的人不那么容易成为操纵者的猎物。

心理学家有一个专门的词，用来指称个性中的这一方面，即个人效能，它是一个重要的变量。个人效能高的人相信自己能够掌控周围的环境，拥有实现自己想法的能力。个人效能低的人则没有这种掌控感。他们在生活中不能有效促使事情发生，从而导致他们无法像拥有高个人效能的内控型人士那样，做出相同程度且方向明确的主动努力。

如果你相信对于你的生活，其他人比你自己更有影响力和控制力，那么毫无疑问你会更容易受到他人的影响，乃至于被他们操纵。更甚者，基于你默认被他人操纵、成为受害者的程度，你"被自我以外的力量所控制"这样的观念会被不断增强与持续。

通过发展自己的内控点、提高个人效能，你能够尽量降低受制于操纵者的概率。换言之，当你成为操纵者眼里的"硬骨头"，你就能够更好地控制自己的生活。

当你认为你的生活大都不由你自己掌控，而是被其他人控制或觉得其他外部力量比你自己更强大，你很有可能会感到抑郁。

外控点与抑郁的联系建立在习得性无助之上。习得性无助是一种思维定式，也就是你认为有严重后果的负面之事终究会发生在你身上，并且你几乎没有任何办法来影响或改变这些事。当你相信坏事情总会发生，而自己的行动无法控制、预计、避免、减弱或逃脱这些负面后果，你就陷入了抑郁的心态。

因此，外控型人格会让你更容易抑郁，而抑郁的心态，则会吞噬任何你还保有的想要改变生活的动力、活力与乐观。很明显，这是一个恶性循环。外控型人格还会影响你的身体健康，因为"屈服／放弃"的心态，已经被证明是降低免疫系统能力、损害身体健康的风险因素。

内控型人格的人则不那么容易抑郁，因为根据定义，他们没有习得性无助的心态。他们相信，他们所做的一切能够（很大程度）影响到他们生活中发生的事。

现在，你已经知道了操纵者会利用的按钮，也就是你性格中让你容易被操纵的七个方面。后文你还会学习如何矫正这些思维上的弱点，强化自己的心态，从而降低你受操纵者影响的程度。

在第 5 章，我们将看看，究竟是什么驱使着操纵者摆布他们周围的人。

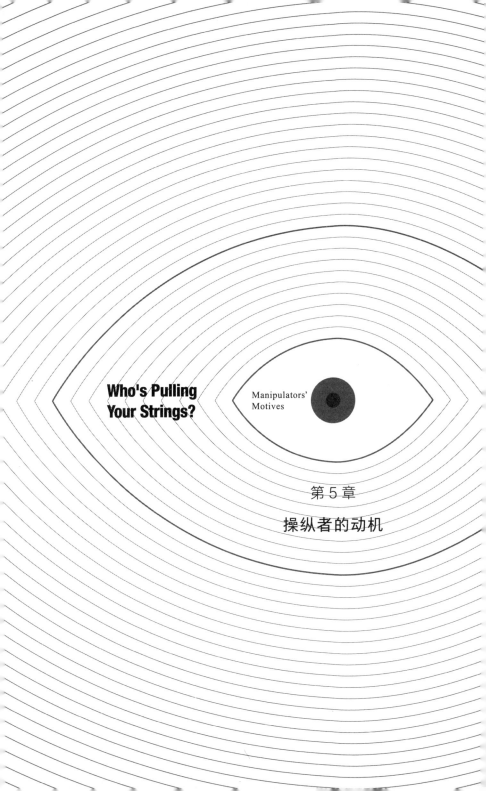

**Who's Pulling
Your Strings?**

Manipulators'
Motives

第 5 章

操纵者的动机

Who's Pulling
Your Strings?

Manipulators'
Motives

既然你现在已经知道了操纵者如何利用你的敏感点，那么就让我们反其道而行，来看看操纵者最常见的动机。这个方法能够帮助你和那些想要操纵你的人处在公平竞争的环境中。毕竟，如果你暴露在外的按钮让你更容易被操纵者盯上，难道你不应该学一下如何识别动机，认出操纵者吗？这样的话，你也许就能够在一段操纵关系开始之前就切断它。

然而，找出操纵者往往并不简单。即使你特意去探寻他们的动机，中途也会有诸多阻碍。比如说，你要意识到，技巧熟练的操纵者往往很擅长掩饰或伪装他的动机。他很可能会故意歪曲在某段操纵关系中说或做特定事情的原因，来伪装自己。

有时候，操纵者甚至可能对他们自己都隐瞒了真正的动机。这就增加了发现操纵者的难度。揭露对你说谎的操纵者是一回事，但当他们对自己都说谎，他们的谎言就更具说服力了。

无论操纵者对于自己的动机清楚与否，从本质上来说，他们对于受害者的负面影响是相同的。

是什么让操纵者做出他们正做着的事？

操纵能够存在是因为它能产生效果。阻止操纵者的最佳方式，就是让他的手段失效，不再服从他的需求、期望、要求与（或）微妙或过度的压迫，从而让他的操纵失灵。

当操纵技巧不再有效，不再满足操纵者的需求，也就是当你开始改变自己，让操纵者没那么容易控制你时，操纵者的手段也会发生改变。操纵者很可能会脱离这段关系，寻找新的目标或受害者。操纵者就像顺流而下的水一样，永远在寻求最通畅无阻的道路。

原因毫不复杂，仅仅是因为操纵者希望操纵能够不费力。对他们来说，操纵必须既简单又自然。他们会这样做是因为这样做简单，而且正是你让操纵变得简单。

这一章的目的，不是要给操纵者以启发。我不认为操纵者会有兴趣阅读这本书。除此之外，我也不会欺骗自己，认为只要操纵者意识到他们对他人的伤害，他们就会"幡然醒悟"，从而改变他们对待他人的方式。我很清楚这是不可能的，因此你也同样不应该欺骗自己。

我的目的是描述出操纵者的动机与心态，从而让你更好地理解你正在对抗的是什么。如果你能更了解操纵者行为背后的原因，你会更好地明白为什么自己会在操纵关系中感到沮丧、冒犯、不快、侮辱以及自我缺失。

操纵的基本法则

首先记住这些关键点：

· 你无法也不能反操纵一名技巧纯熟的操纵者，所以不要去尝试反操纵。

· 要注意操纵者实际的行为，而非他们的言语。

· 不要询问他们为什么这样做，也不要期望能得到一个合理、有用、真实的回答。记住，"为什么"是一个奢侈的问题。不要再费心问这个问题了，而且阅读完这本书，你自然会知道答案。当操纵者不承认他们在操纵他人或用语言伪装他们的动机，这并不意味着你将他们认定为操纵者是错的。不要指望操纵者会给你诚实的回答。

· 你无法也不能通过指出缺点来改变一名操纵者。

· 别费心去和操纵者说他的做法对你来说不公平、不善良或不友好。如果你这么做是想改变他，那还是放弃吧；他们是不会因此改变自己的。

·你无法用你的感受来唤起操纵者的同理心。不要幻想你能够通过告诉他们你作为受害者的感受就能改变什么。操纵者根本就不关心；他很可能根本没有同理心。

·改变操纵者唯一有效的方式，就是先改变你自己，让她的手段失去效果。你无法改变操纵者，但你可以改变这段操纵关系。当你不再合作、服从、取悦或是默许操纵者的行为，不再让操纵手段有效，你必定会改变操纵关系的性质与机制。记住，当操纵变得困难，操纵者很可能会放弃。

·不要将你的精力放在让操纵者更清楚你的感受或是更清楚他们自己的动机上。这只会让她更加气焰嚣张。相反，将你的精力放在提升自我意识、改变自己的行为上，这样你就不会重蹈受害者模式与角色的覆辙。

操纵动机

操纵者的行为是基于三条基本的人际交往动机：

1. 为了满足他们自己的目的、为他们自己个人谋取利益，让别人付出。他们嘴上说的和做的完全不同，天性自私自利。狡猾熟练的操纵者知道如何伪装他们的动机，有时即使对自己都不说真话。

因此，当操纵者对你说他做的事是为了你好，或是告诉你他现在说的话是"真诚的"，他会谨记为你谋福利，请不要相信他们。口头上的好听话正是操纵者的一种手段。

为什么操纵者往往会装出关心他人、无私真诚的样子？因为这么做有效果。记住，为了实现自己的目的或个人利益，操纵者什么都说得出来、做得出来，包括声称自己是个友善、公正、诚实、慷慨的好人。他的手段甚至还包括让你为怀疑他想操纵你的念头而感到内疚，让你觉得自己是个不公平、心胸狭窄、无法信任的坏人。

2. 操纵者十分需要在人际关系中获得强烈的权势感与优越感。他希望自己使用的控制手段能够对他人有效。而受害者的服从正是操纵者希望得到的反应。

矛盾的是，操纵者这种心理需求来源于其背后十分强烈的（有时也是无意识的）自卑感与低自尊感。操纵者的低自尊往往会被掩藏在看似大胆的自信与自负的外层性格之下。这正是操纵型人格的矛盾所在，他们的行为源于低自尊感，但表现出来的却是极度膨胀的自信。

实际上，操纵者想要将权力与控制施加于他人的强烈需求，正是源于强烈地想要补偿自身的自卑感与不满足感。操纵者蔑视像他自己那样的人，所以会刻意排斥这样示弱的情绪。

操纵者认为，权力是有限的。换言之，他不会承认与尊重你自己做决定、自己控制自己人生的权力，因为他将其视为你分走了他的权力，稀释了他手中的权力。无论你留有多少权力，他都会将其视为自己的权力受到了损失。

操纵者将权力视为零和游戏。这就意味着他们认为在人际关系中永远会有一方是获取、保有权力，并且能够向另一方施加权力与控制，而另一方则会输掉自己的控制权。在操纵者的人际关系模式中，完全不存在权力的公平分享，不可能存在每个人都能从相互接触中获益的双赢局面。

如果你试图行使自己的权力或掌握控制权，即使仅仅是自己做出某个决定或试图控制自己的行为，操纵者都会感觉到威胁，因为他需要掌控周围所有能够获取的权力。如果你想要对自己的生活拥有控制权，那么从操纵者的角度来看，你就是在夺走他的权力。因此，他觉得有必要立刻采取报复手段来重新获得控制权。

3. 操纵者想要，也始终需要控制一切的感觉。失去控制权或是可能会失去控制权的感觉会唤起他们的极度焦虑。操纵者对于"他们在控制一切"的需求，实际上已经超过控制他人的需求。操纵者希望在别人眼中，以及在自己眼中，他们都能够控制自己的感情，尤其是那些他们认为是示弱的感情，比如说焦虑、悲伤或孤独。在竞争性环境中，无论需要他人付出什么代价，他们都想要赢。

尽管操纵者对控制他人有一种强烈到已经病态的需求，他们往往还在与自己生活中的控制问题纠缠。他们想要控制他人，常常表现为亟欲证明自己是"正确的"，而其他人是"错误的"。在操纵者心里，争论或冲突不存在双方立场都有其合理性的情况，也不存在两种不同但同样"正确的"观点并存的情况。对于操纵者来说，只有一个人可以是正确的，而且这个人必须是他。只要另一个人没有完全赞同他，那个人就必定是错的。

操纵者控制他人的需求，与他们想要觉得一切尽在掌握之中是相似的，他们不只控制他人，还控制自己。当他们的控制权受到威胁时，常会感到极度焦虑。由于无法轻易或得体地将控制权交还给其他人，他们在生意场上总是容易过度管理或纠结于细节。操纵者总是过度监视职场、家庭或人际中交代的任务。控制在他们看来是一个重大的问题，操纵者甚至厌恶一切模糊地带。他们喜欢黑白分明的思维方式，非黑即白。灰色地带会让他们神经紧张。

然而，矛盾的是，他们的控制权往往会暴露他们在控制某些领域的个人行为方面是有问题的。对于操纵者而言，控制是一个核心心理问题，因此他们可能会在以下方面显露出失去自我控制的问题：

愤怒

食量／体重管理

酗酒

嗑药

吸烟

对于情绪与心情转换过度控制或缺乏控制的信号

操纵者清楚他们自己的动机吗？

并不一定。操纵者一般分为两类：对于自己的动机与目标十分清楚明确的人，以及在与他人的关系中基本不太能意识到自己采取了操纵性手段的人。我们在第6章将看到，具有外向、侵略性与控制欲人格的人，会比性格内敛的人更容易被认为是操纵者。

大多数人想知道操纵者是否清楚自己的动机，因为他们认为这与操纵者改变自己的能力与意愿有关。非操纵者也许认为，让操纵者意识到他们在操纵别人、侵犯他人的权利就足以让他们改变了。但事情并非如此。

操纵者是否清楚自己的行为，确实和他们改变自己的能力与意愿有一些关系。而十分清楚自己的操纵行为，并且故意为之的操纵者是最不可能改变的。从心理学角度上看，操纵者的操纵是知行合一的，也就是他们操纵、控制他人的行为，与他们对自我的认知是一致的。换言之，他们并不会觉得他们的行为可能会侵犯他人的权利，也因此并不会有内心的冲突与挣扎。他们不关心别人的感受，甚至已经将自己的行为合理化，他们还会认为他们对别人所做的一切，都是出于好意，是正确的做法。

当操纵者"知行合一"，并且手段发挥效果，比如说操纵者能够通过操纵行为得到想要的结果，他们就没有什么动力和理由去改变自己。尽管非操纵者对此会觉得很惊讶，但事实就是如此，仅仅向操纵者指出他们的手段是操纵性的，是在剥夺他人的权利，基本不会让操纵者想要改变自己。事实上，对于这种操纵者而言，改变只是一种工具。只有当操纵不再能满足他们的目的时，他们才会考虑改变手段。只有在操纵已经无法有效摆布与控制他人行为、无法再提升操纵者的个人利益时，改变才有可能会出现。

在这样的情况下，当操纵不再有效，操纵者可能会改变策略。然而，别指望操纵者的性格或价值观会出现翻天覆地的改变。策略上的改变不是因为操纵者想要成为一个更好或更健康的人。记住，大部分操纵者都不愿意探究太深入，因为这会容易让他们感到焦虑。

对于"知行合一"的操纵者，改变是因为结果出现了变化，而非他们更具洞察力了。如果操纵再次生效，或是当其他更有效的操纵方式出现时，他们将再次加强操纵行为。

第二类操纵者，对于自己控制他人的本质则远没有那么清楚，这些操纵者往往会将操纵手段作为应对焦虑与恐惧的防御措施。对于这些人而言，被看成是操纵者是知行不符的，或是与他们看待自己的角度是不一致的。因此，当一名知行不符的操纵者意识到自己的操纵行为，内心的冲突可能会诱发改变的动力。然而，由于操纵者普遍缺乏同理心，或是根本就缺少与他人共情的能力，因此意识到自己的行为正在伤害其他人并不足以让他们产生根本上的改变。

相反，意识到操纵行为还需要辅助以其他的方式与手段。同样，不管操纵者清不清楚自己的行为，要想实现操纵都要改变自己手段的有效性。当他们的手段不再能实现自己的目的，操纵者就可能会改变自己的策略，或直接脱离这段关系，寻找另一个让他们的操纵性手段能够起效的机会。

因此，本质内容是一样的：改变操纵者的最好方式，是改变你自己的行为。当你不再屈服、不再让操纵者得到他们想要的东西（也就是权力与控制感），你就能够使操纵关系发生改变。

当你和一名操纵者打交道时，不要指望他（她）会承认使用了操纵性手段或带有操纵目的。来找我治疗的病人往往就深陷这种错误且天真的想法中，认为其他人说的话就是事实。操纵者不承认自己有操纵行为，并不意味着他们就真的没有这样做。实际上，矢口否认本身就是操纵手段的一个重要组成部分。

记住我之前的建议：要看操纵者的行为，而非他（她）的言语。

你会发现什么？

你必须牢牢记住，两种类型的操纵者都很少轻易或直接承认他们在操纵别人。因为一些原因，他们往往会将操纵动机隐藏起来。

首先，一般来说，操纵在人际交往关系中并没有被视为一种可取或可接受的手段。因为它被看成是负面的、不鼓励使用的，因此手段熟练的操纵者会将他们的动机隐藏起来。他们会倾向于将动机隐藏在更容易被世人接受的形式下，比如说：

· 爱护与关心："我这样做都是因为关心 / 爱你。"

· 专业性："我告诉你这些是因为我在这些方面更有经验，我知道的更多。"

· 利他与慷慨："我这样做都是为了你好，我自己一点利益也得不到。"

· 禀赋使然："我告诉你该做什么是因为这就是我的角色 / 义务。"

其次，正如之前所说，有时操纵者连对自己都会隐瞒真实动机。在面对操纵行为引发的冲突时，他们往往会将否认作为一种防御手段。对于大多数操纵者来说，内视与自省充其量都停留在表面，因为过于探究深层动机只会让他们感到焦虑、叛逆与愤怒。尽管操纵者往往会有意地行动（心里隐藏着根本目的），但他们一般并不会要求自己要遵从道德观念，或是遵从对与错的是非观与价值观，抑或是遵从好与坏的待人方式。相反，他们的行为，只看怎样能够实现自己的目的。

最后也是最明显的一点，操纵者会说谎。这是他们最有效的手段之一。操纵者想让你觉得他并没有在操纵你，说谎也正是为了这个目的。他会使出浑身解数来打消你哪怕最轻微的怀疑，更别说你直接的控诉与对峙。手段纯熟的操纵者，十分擅长让他们的控诉者（或是哪怕只是小小怀疑他们可能是在操纵他人的人）为质疑他们的动机而感到内疚与无礼。

操纵者是如何看待这个世界的？

首先，操纵者与非操纵者看待世界的方式不同，这一点很重要。从某种程度上说，世界观决定了他们的行为，反过来他们的行为也在不断强化着他们的世界观。正如之前所提到的，操纵者看待世界的方式非黑即白，尤其是对于操纵这件事，他们认为，你要么做摆布他人者，要么被人摆布。

　　换言之，操纵者相信，在人际关系中只有两个角色，被操纵者（受害者）和操纵者（在他们看来，就是拥有权势与控制权的那个人）。操纵者不认为人际关系中的其他运作模式。比如说，他们无法想象一段双方平等的关系，这样的关系超出了他们理解范围。

　　他们难以想象，双方拥有平等的决策权、共享的控制权，承认并尊重彼此对自己的生活拥有决定权力且彼此独立，在这样的关系中，他们要扮演怎样的角色。他们无法信任某个人，促成这种共享、平衡的关系。从根源上来说，他们也不认为自己是可信任的，因为他们不相信有人能够真正信任他们，从而尊重、保护彼此的权利。

　　其次，操纵者将生活的各个方面都视为零和游戏，生活的主要部分就是权力、控制与优越性，因此生活中永远存在赢家与输家。也因此，操纵者认为在一段关系中，有人必定会赢，有人必定会输。它不是复杂的数学，也不可能出现双赢与双输的情况。操纵者相信，在任何人际关系中，如果他给了其他人，或允许其他人从他那里获得些什么，他所拥有的东西就必定减少了。这样的观点让操纵者的人际关系被竞争、敌对、嫉妒这些有毒的情绪玷污与损害。

　　操纵者的世界观还有一个特点，就是其他人的存在都是为了实现或满足操纵者自己的需求。这就让操纵者缺乏同理心——感他人之所感的能力。事实上，有很多操纵者（正如我们在第 6 章会看到的）从根本上就缺乏同理心。他们无法理解除了他们自己的需求，还有其他感觉、思考，需要他人的方式。

　　操纵者的世界观具有的第四个特点，与第三个特点紧密联系，他们认为自己理应获得这样大的权力。无论是有意还是无意，操纵者都认为他们的需求与目的理应得到满足与实现，他们的行为也是基于这样的观点。操纵者认为这样是对的，这也许是因为他有一段黑暗的童年或其他负面的人生经历。操纵者认为其他人（或生活本身）在某些时候严重地伤害了他，因此这个世界欠了他，需要补偿他。生活的主题就是要争取补偿，并且保证自己不被欺骗、不被错待、不被伤害、不被摧毁、不被小看，不以任何方式受到伤害。操纵者基于这种理所应当的心态而行动，他相信自己是特别的，因此别人理应服从于他。对于操纵者来说，他很难理解什么叫侵犯他人的权利，因为（1）他无法感觉到别人也有自己的权利，（2）别人理应将他的需求摆在首位。

操纵者是如何创造出他们眼中的世界的？

　　操纵者的世界观第五个特点需要特别关注，因为这一观点会以独特的方式转化为他们自我实现的预言。操纵者在看待其他人的世界时，会利用心理投射这一防御机制。

操纵者相信，只要有机会，其他人的想法和他是一样的。换言之，其他人眼中的世界，也同样是非赢即输。他感觉其他人也相信做人要么是操纵者，要么是被操纵者，而且只要有机会，其他人也肯定会选择成为控制或操纵方。他觉得其他人也只在乎他们自己的需求，他很难想象别人的想法与自己的根本不一样。最终，他会觉得其他人也和自己一样以自我为中心，觉得自己理应得到一切。

鉴于这样的心理倾向，即认为其他人在人际交往中的动机和信仰与自己相同，操纵者无法信任他人。当某一情境需要在信任他人、合作共赢与不信任他人、相互竞争两者之间做出选择时，他会本能地选择后者。

操纵者总会率先迈出不信任的一步，因为他认为其他人的行为也只是为了争取自己的利益，所以他应该先发制人。

囚徒困境

社会心理学中一个经典研究展现出了这一人际交往策略的自我实现式预言的影响。它的参与者是两个人，被称为囚徒困境博弈，有时也被称为社会支配权的博弈。

已故的伟大数学家阿尔伯特·W. 塔克（Albert W.

Tucker）在 1950 年提出了这一博弈理论。在最初的情境中，他创造了鲍勃与阿尔这两名窃贼的故事。这两个小偷在犯罪现场附近被抓，并且被送到了警局。他们被分开关押在独立的隔间内，并且被分别审讯。警察告诉他们，如果他们承认罪行，事情就好办了。是这样的吗？

两名囚犯现在需要决定，是否要承认罪行并将伙伴供认出来。警察告诉他们，如果他们都没认罪，那么他们都会因为携带违禁武器而被关押 1 年。如果他们都认罪，并且供认出彼此，那么他们都会被关押 10 年。但是，如果有一个人认罪并且供认出了另一个人（另一个人不认罪），那么认罪的人就能够被无罪释放，而另一个人则需要面临最长 20 年的监禁。他们会如何决定？

选择只有两种：认罪或不认罪。再无其他选择。塔克第一个提出囚徒困境矩阵或支付矩阵，在下面这个矩阵中你能够看到每个囚犯可能的选择，以及与另一个囚犯的选择对比之后的后果。

		阿尔	
		认罪	不认罪
鲍勃	认罪	10，10 年	0，20 年
	不认罪	20，0 年	1，1 年

鲍勃可能的结局在表格左侧，阿尔的则在右侧。如果鲍勃与阿尔都认罪，并且供认出彼此，他们都会被判 10 年。如果他们都拒不承认，他们都会被判 1 年。但是，如果阿尔认罪，并且供认出鲍勃，而鲍勃却没有认罪，那么阿尔无罪释放，鲍勃会被判 20 年。如果是鲍勃认罪而阿尔不认罪，那么鲍勃就会被释放，而阿尔则会被判 20 年。

多少年来，研究人员已经构想出了很多形式的囚徒困境，以研究社会环境中人与人之间是如何合作或不合作的。我们也可以从这个角度来看操纵者。

我们可以改变矩阵中的内容，将"认罪 / 不认罪"改为"合作 / 竞争"。根据每一个选择的结果，参与者能够获得金币或美元。

每个人在每一步都可以选择合作或竞争。在游戏设置中，如果两个人都选择合作，那么他们都能得到一定的收益（10 美元）。然而，如果一个人选择了合作，另一个人选择了竞争，选择合作的人就输了（无收益）；竞争者则赢了大头（20 美元）。这就是零和游戏的结果：一个赢家、一个输家。最终，如果两方都选择竞争，他们都只能获得很小的收益（1 美元）。

真正的操纵者在对待这个游戏时，永远会假设他（她）的对手会选择竞争。竞争对抗是操纵者的天性。

囚徒困境的变种

		阿尔	
		合作	竞争
鲍勃	合作	10，10 美元	0，20 美元
	竞争	20，0 美元	1，1 美元

但是，如果你仔细思考这个游戏，你会意识有一种最佳的方法能够最大化双方利益，就是他们信任彼此，在每一步都选择合作。如果双方都选择合作，那么每一次他们都能获得 10 美元。然而，风险就是如果你选择合作而另一个人选择竞争，那么你就会一无所获，而对方能获得 20 美元。

拥有操纵者心态的人相信，每个人为了能赢、最大化自己的收益、最小化损失，都一定会自动选择竞争。但是，这个选择只有在对方选择合作时才能为选择竞争的人带来最大收益：也就是竞争者赢得 20 美元，而合作者一无所获。

操纵者永远会选择竞争。他们从第一次开始这个游戏时，就会选择竞争。有时候他们的对手会在第一步选择合作，有时则不会。但是，考虑到操纵者一直会选择竞争，那么最开始选择合作的人也别无选择，只能改变策略，变成不信任对方的竞争者。这样，他就能将收益从 0 提高到 1 美元，并且将操纵者的收益也降到 1 美元。

　　另一方面，想想那些在第一步选择合作的人，他们相信另一个玩家也会选择合作，这样他们每一步都能获得 10 美元。如果两方都选择合作，那么 10 步之后，他们都能累积到 100 美元。只要双方都信任彼此，继续选择合作，那么他们在整个游戏中都一定能获得收益。

　　然而，如果选择合作的人在最初几轮都被选择竞争的人祸害，那么选择合作的人也只能转变策略，选择竞争，将竞争作为一种防御措施。

　　对囚徒困境博弈中各方行为的研究表明，合作者在这个游戏中会有不同的经历。有时候他们会碰上其他合作者，从而都满意地获得收益。但有些时候，他们也会遇上多疑、自我的竞争者，从而不得不选择竞争作为防御手段。在整个游戏过程中，只有很少的人会在面对竞争者时依然继续选择合作。在与不同的人玩过几轮之后，当被要求概括他们的感觉时，合作者也许会耸耸肩，说这就和人生一样，总会有不同类型的人。

　　另一方面，竞争者从游戏中得到的感觉则是双方总是在竞争。因为竞争型（操纵型）玩家让他的对手转化为了竞争者（但他不会让自己以同样的方式被转化为合作者，因为合作需要彼此信任），所以他在游戏中的经历总是这样。他自己的行为导致别人都变成了竞争者，又因此验证了他最初的观点，即他人都是不可信的。

将囚徒困境作为人生模型，你会发现，根本不信任他人、将他们自己的竞争心态投射到其他人身上的操纵者，实际上会创造出他们设想的那种社会环境。他们的生活经历会不断证实他们的信仰系统，尽管他们往往不知道，他们自己不信任他人的行为，是如何导致其他人对他们的不信任、竞争与敌对的。

这一博弈模型的本质反映出来的模式，说明了操纵者为何又如何将他们自己的观点合理化（即人生就是一场残酷的游戏，每个人都必须不顾一切，实现自己的个人需求，即使需要别人付出代价也在所不惜）。操纵者认为这样的行为是合理的，因为他们相信其他人也会这样对待他们。

思考一下，这样的心态会如何影响并且毒害人际关系。能够信任他人的人，对于建立起相互信任的关系持开放态度，因为他们相信其他人有时是无私慷慨的，正如在囚徒困境中一样，其他人可能会选择合作，因为这才是明智而合适的做法。如果你相信这个世界上既有可信赖的灵魂，亦有仅仅关心自己的竞争者，用这种开放而现实的态度来看待世界，那么你的经历也会符合你的预期。这两种人你都会碰到，你也有机会与他人建立相互信任、合作，且被彼此所珍惜的关系。

合作与信赖带来的是相互尊重、以健康的方式相互依赖的氛围，正是这样的自主权与相互依赖意识的协调，让

亲密的感情意识、高度的自尊意识、强烈的自我意识与坚
定的自我信任意识成为可能。

但是，现实的合作者也知道，世界上还有竞争型的操
纵者。当他们遇上了竞争型对手，他们会相应地改变、调
整自己的行为。你并不需要一味满足操纵者，让他们的行
为和手段奏效。

概括总结

操纵源于心态和价值观，而心态和价值观既能合理化
操纵，也能彻底否认操纵。试图树立典范来让操纵者改变，
任凭自己被操纵者摆布，这类做法只会让他（她）的操纵
手段愈演愈烈。

你能改变操纵者的最好办法，就是不再让他的手段奏
效。操纵之所以继续下去，是因为它能够奏效。它有效果。
只要操纵者可以让你服从他的需求、臣服于他的控制，他
就会继续以这种方式对待你。

要改变一名操纵者，你必须先改变自己的行为。操纵
者想要实现自己的利益，他完全不关心这是否会牺牲你的
利益、幸福、内心的安宁、心理或生理的健康。当你学会
利用自己的行为（阅读本书之后你会学到）来有效阻碍他
的手段，你就能阻止操纵者，逐渐让自己不再被操纵。

当操纵不再奏效，操纵者为了满足自己的利益，就会选择改变手段或彻底脱离这段关系，关于后者，你必须在事先接受这一可能性。阻碍操纵者的手段也许不会导致你失去这段关系，但是你必须要直面这一可能，才能拥抱自由，逃离你可能浸淫已久的充斥着剥削与操纵的有害模式。如果你不愿意失去这段关系，即使你会在这段关系中失去自我，你也不会放弃，也就是说你还没有做好让自己不再成为受害者的准备。

最后，人们在人际关系中扮演的角色并不总是一致的。许多操纵者都是从他们作为受害者的关系中学到控制他人的技巧。有时，对他人的操纵反感至极的人会发誓再也不要做受害者；而在他们的下一段关系中，他们成功地将自己塑造成了操纵者。

在这一章中，你了解了操纵者背后的很多动机。在第6章，我们会看看操纵者最典型或最常见的性格特征。换句话说，谁是最容易被怀疑的对象？

**Who's Pulling
Your Strings?**

Who Are the
Manipulators
in Your Life?

第 6 章

谁是你生活中的操纵者？

**Who's Pulling
Your Strings?** Who Are the
Manipulators
in Your Life?

几乎在每一段关系中都存在影响力和说服力。这是可以预料到的。这些情况都稀松平常，比如丈夫试图让妻子去他最喜欢的餐厅用餐，或妻子试图说服丈夫去看她选择的电影。另一方面，运用影响力的手段可能会被加强，乃至于变成胁迫，上升到情感要挟。比如有男性威胁他的女朋友，如果不服从他的性癖好就和她分手或在情感上冷待她。这是滥用影响力手段的一个例子，也是一种典型的让人厌恶的操纵方式。

所以，操纵是被心理学家称为社会影响的这个广义术语的子类别。换言之，即人们有意地去尝试改变其他人的方式。想要影响其他人，从本质上来说并不是错的，也没什么不健康。比如说，医生想要改变我们的健康习惯。好的老师会运用说服手段（有时会以奖励糖果的方式）来驱动与激励学生。家长也会在必要时在孩子身上施加影响，这也是他们应该做的。的确，养育与教导孩子，很大程度上也是在长年积累影响的过程。

　　然而，任何事都有边界，都有健康与否、合适与否
的限制。决定社会影响是健康的，还是不健康的操纵，
有两种因素，一是施加影响者对目标对象的动机与态度，
二是在尝试改变他人行为或转变他人想法与感觉时使用
的手段。

　　如果施加影响者清楚并且尊重他人的人格完整与权力
（包括其他人选择不听从其说服的权力），并且使用的方式
是合适、成熟、不冒犯他人的，那么这样的影响即使不是
慷慨无私的，至少也是良性无害的。然而，当他们的动机
转为剥削他人，手段变得具有胁迫性，那么结果就从影响
变成了操纵。

　　而这就是麻烦的开始。

越　界

　　在心理学词典中，操纵这个词是贬义的，其内涵亦是
负面的。毕竟，你上一次听到别人把操纵这个名词用在积
极的事上是何时？思考一下，两位女性正在进行一番谈话，
其中一个人试图为另一个人安排一次相亲约会，对话听起
来像是这样：

　　"哦，你肯定会爱上鲍勃的。"

　　"他是什么样的人？"

"他又高又英俊，喜欢跳舞，还是个很棒的操纵者。"

一般而言，操纵指的是试图利用剥削、迂回、欺骗性、狡诈或是不公平的手段来改变别人。并且，操纵在动机上总是单方面、不对称、不平衡的。操纵只能够实现操纵者自己的利益与目标，对于被操纵者的需求和利益则毫无助益，而且被操纵者往往还要付出代价。

适当的影响与操纵之间的界线一旦被跨越，人与人之间的关系就会变得困扰重重，麻烦多多。

因此，尽管几乎所有人都会在某种程度上试图影响他人，但是否将操纵手段作为处理人际关系的长久方式却因人而异。事实上，从互相尊重的影响，越界到简单粗暴的剥削，以及无视其他人权利的倾向，正是判断人格是否健全的决定性因素与重要诊断标准。

简单来说，个性是心理学家给一个人长久以来的思维、行为和感知模式所起的名字。在某种意义上，我们每个人都有一种个性"指纹"，它有一半来源于基因，还有一半则来源于周围环境，先天与后天的影响各占 50%。

在第 3 章与第 4 章，你理解了自己个性中容易对操纵者的手段中招的方面。在本书的后文部分，你会学习到抵御操纵者手段的策略，从而让你能更好地控制自己的行为、思维与感知模式，简而言之，就是让你可以控制自己的人生走向与解决问题的方法。

然而，要建立起有效的防御策略，你首先要能意识到，你是在何时以何种方式被何人操纵的。你需要对你正在被操纵这个事实与正在操纵你的人有一个清晰确定的理解与认识。

找出生活中的操纵者并不总是轻松的任务。正如我之前警告的那样，有经验的操纵者最核心的技巧之一，就是让你失去平衡，怀疑甚至质疑你自己的观点与判断。但是，通过充足的培训与练习，你就能够学会利用自己的心理学雷达找出操纵者，即使他们行事隐秘也没有问题。

操纵的证据在三个主要领域最容易被察觉到：（1）操纵者的个性；（2）操纵者施加在你身上的负面情绪影响与令人厌恶的控制欲；（3）这段关系的动态机制本身，即这段关系对于单方或双方来说，是否能够带来满足感与（或）喜悦感。

正如我之前所提到的，没有人对于操纵是完全免疫的。同样，我们每个人都有能力去操纵（或至少试图去操纵）其他人。但是，某些个性类型的人会比其他人更可能与操纵联系在一起。更甚者，我在下面要概述的个性模式中，那些具有其中一项或几项个性类型的人，更容易在不同情况、不同时间与一系列不同的人际关系（比如说家庭、工作等等）中利用操纵手段。

直接控制 VS 唤起行为

只要与操纵型人格的人共事过，你就会明白，操纵关系中占据最高地位的主题就是权力与控制、不平衡与不公正、剥削压迫与无法或不愿改变。然而，尽管与操纵者的关系都会给被操纵者带来类似的体验，但是操纵者特有的性格特点决定了他会使用何种手段（比如说诱惑、抱怨、冷暴力等）来操纵他人。第 7 章我将带领大家探索操纵的手段。

不同个性的人基于他们对于自己影响力的了解程度，会选择不同的操纵方式。你将看到，有些人格类型十分清楚自己的目的。这些任性的操纵者从不会对他人感到抱歉，也完全不关心他人的权利与人格，他们只会去做一切能让他们实现自身利益的事。简单来说，具有这些人格特征的操纵者通过直接控制来实现自身目的。

举例来说，一位公开操纵员工去做某些事情的老板，使用的就是直接控制。在这样的案例中，操纵很容易就能被识破。但是，其他人格类型的操纵者则会利用不那么明显的方式来操纵他人。在操纵者中间具有代表性的强硬、顽固性格特点会引发其他人的负面情绪和不情愿的反应。从这个意义上来说，操纵者通过唤起方式来控制其他人的感情与行为反应，意味着他（她）的个性或行为会唤起其他人可预见的反应。

简单来说，怀有敌意、具有侵略性的人会预期他人也充满敌意。因此他们会以攻击性的方式去对待别人。当其他人受到这样粗暴的对待，也会回报以相同的敌意。因此，正由于敌意滋生敌意，一个具有侵略性的人也会唤起他人的敌意。

从被操纵者的角度来看，他（她）充满敌意、愤怒的回应，是被操纵者最初的侵略性所操纵的（唤起的）。比方说，夫妻或相处很久的情侣，在运用某些行为激起伴侣的怒火或让其心烦意乱方面尤为熟练，即使他们并不总是能意识到这点。因为压力大而向妻子怒吼的丈夫往往会造成妻子流泪，而这样的反应又会反过来唤起他自己内疚自怨的感情。或是妻子抱怨丈夫是个糟糕的爱人，从而让他在床上表现更加焦虑，又进一步证实了她（他）的担心。

想想辛迪和鲍勃，也就是第 2 章里的第一个故事。辛迪正是通过唤起方式来操纵鲍勃的反应（焦虑、胃痛、内疚）的。

操纵你的人生：最常见的犯罪嫌疑人

虽然任何人都可能在某些时候采取操纵手段，但是根据定义，某些个性的人会倾向于将操纵作为影响与控制他人的常规方式。曾经亲身体验过操纵带来的好处，这样的人更是会将操纵作为获取利益的捷径。

了解这些个性特点，有助于你识别出可能会有操纵行为的人。除了让你对这类特定的操纵者更加敏感，你新学到的知识还能让你避开这样的人，保护自己不掉入他们狡猾的陷阱。

训练你自己，让自己能识别出下面描述到的个性类型，这是自我保护的第一步。记住，你的目标不是去直接改变那些想要或已经在操纵你的人。连试都别试，这样做没有意义。毕竟，在操纵他人方面，你不太可能会比一名技巧纯熟、经验丰富的操纵者更熟练，而且这也不是我们的目标。但是，一旦你察觉到了问题，察觉到了你就是被操纵的目标，并且面临失去自尊、失去对自我情绪、想法与行为的控制、失去幸福感，你就必须通过不服从、不让步的方式来阻止操纵者，让他（她）利用你的目的、需求与安排无法得逞。

因为你不再以服从来满足操纵者，不再配合操纵者那些或隐藏或公开的手段，当操纵不再奏效，操纵者必定会改变他（她）的策略，或转移目标。记住，操纵者一点儿也不想费力，他们总是在寻找最没有阻碍的道路。

找出你们之中的操纵者

　　将这一章当作了解操纵者的指南。我会为你写明几种操纵型人格最核心的特点与风格。

　　谁是最常见的犯罪嫌疑人？他们一般都出现在哪里？第二个问题的答案是，操纵者就存在于你的生活半径内。他们就在你平时接触的人之中，既可能是与你有十分紧密、亲密关系的人，也可能是与你有着更加正式、组织关系的人（比如说在工作上认识的人）。

　　尽管操纵可能发生在任何一段关系中，但那些能够在个性认知、安全感、地位、自我价值与自我实现感等方面施加给你最大影响的人，往往也是最有可能操纵你的人。这是因为在这样的关系中，它运作的方式或结果既能给你带来最大的利益，也能让你遭受最大的损失。这很难让人接受。你身边的操纵者，也许就在与你接触最紧密、最亲近的人之中，包括：

　　　　家庭成员

　　　　婚姻伴侣

　　　　恋人／床伴

　　　　工作伙伴（上级、同事、下属）

　　　　朋友

学术关系（尤其是与上级之间的）

与专业人士之间的关系（比如说医生、律师、理
疗师）

当然，我不是在说你生活中的每个人（或是几乎每个
人）都在操纵你，尽管有时会有这样的感觉。我也不是在
建议你要拒人千里或从此拒绝任何紧密亲近的关系。恰恰
相反！我们对于爱、联系、意义与安全感的需求，正是从
健康的亲密关系中得到满足的。

但是，这段关系究竟能够帮助你还是伤害你，取决于
你与另一方是否能够保持这段关系的平衡，承认并尊重彼
此的个人权利与需求。而这当然也需要你自己是一个心理
健康的人，另一方也需要有健康、非操纵型的性格。

这是一个相当难的任务，不是吗？尤其是因为你并不
总能够控制或选择你必须接触的人。你无法选择你的家庭。
你也基本没办法控制你的同事是谁或你要向谁汇报工作，
而这个人却能够向你的职业生涯或经济保障施加控制。

事实上我从未见过没有遇到过这种事的人。无论是私
人事务还是工作事务，无论是家庭还是朋友，每个人都有
过被困在一段关系中，被一个性格上有问题的人操纵的
经历。

现实中，某些时候可能的确会有高超的操纵者出现在

你的生活中。你能保护自己的最好方式就是提升识别操纵者的技巧，你能越快越精准地找到一名可能的操纵者，就能越好地做好准备，让自己强硬起来，不做容易被盯上的目标，有能力抵御哪怕是最精明的操纵手段。

记住，我们所有人都既可能成为操纵者，也可能被他人剥削与利用。然而，有一些人格类型的人，会比别人更容易在关系中利用操纵手段。对我们来说，鉴别并研究这些操纵型人格十分重要。

三个重要的目标

在这一章，我的目的分为三个部分。首先，是帮助你更好地理解、看准、认清所处的关系，尤其是这些关系中权力与控制的运作方式。在一段关系中始终被操纵的人，会产生一种失控感，会感觉对自己的动作、行为甚至想法与感觉都失去了控制。伴随着这种失控感而来的是迷惑、不适，以及无法掌握操纵者动机与行为的痛苦情绪。讽刺的是，操纵者手段越熟练、操纵越有效，你就会越弄不明白你是在何时、以何种方式被操纵的，甚至于会怀疑自己究竟是否被操纵了。

被操纵者总是想要了解操纵者的动机，来搞清楚现在究竟是什么状况。但是，你必须记住，熟练的操纵者在面对直接质问时，往往都会说谎，否认他们的动机、意图或是目标。因此，天真的被操纵者想要从操纵者那里寻求解释，证明操纵确实存在，是不可能的。

你很快会知道，唤起别人的特定反应来实施操纵的人，更不可能承认他们的操纵手段或操纵目标，因为他们普遍不清楚他们的行为会给他人带来何种影响。你不能让操纵者承认他们的动机和目标。这样做只会让你更深地陷在操纵之中。但是，这并不意味着你必须或应该糊里糊涂地接受自己在这段操纵关系中"配合"操纵者（尽管你是无意的）这一事实。这恰恰意味着认清现状、停止操纵者、让操纵失效，这些都取决于你自己。你必须为自己负责，因为操纵你的人是不可能帮助你逃脱困境的（即使他有这个能力）。

只要你对于这段关系的运作方式依旧是云里雾里，你的行为、思维和感觉就越是会被控制，你也就越无法成功抵挡操纵者对你的负面影响。这种云里雾里的心理状态，非常像在大雾天开车。你能这么做吗？可以。但这样做安全吗？不。为了保护你自己，拨开心中的迷雾非常重要。

第二个目的则是帮助你提升识别与鉴别技巧。换言之，通过学会鉴别那些可能会将操纵作为常规手段的人的特点与风格，你就能建立一个早期警报系统来武装自己。一旦你意识到操纵可能会发生，你就能够提前制订抵抗策略，在操纵真正开始出现时保护自己的边界、选择权与个人自由。

　　第三个目的，则是将关注的重点放在你自身的努力，而非操纵者身上。我在之后将要讲到的内容，目的不是让你变成一名诊断专家，也不是建议你识别出操纵者后去尝试利用"治疗"措施来改变他（她）的性格特点。正如我之前已经说到的（这句话很值得反复强调，因为在紧要关头太多人会忘记它），不要试图去直接改变一名操纵者！

　　努力改变你自身，关注于你自己的选择、你对自己行为、思想与感觉的控制。如果你屈从于操纵者对你的影响，也就是说你让他看到了他想要的效果，那么你的行为就是在奖赏操纵者，并且鼓励他继续操纵。但是，如果你准确地找到了操纵运作的动态，你就能够选择以不同的方式应对，通过不再配合操纵者来让他的操纵失效。

常见嫌疑人

　　那么，什么样的人可能会操纵你呢？常见嫌疑人都是谁？

　　回答的关键，就在于找出那些最有可能操纵别人来实现自身目的的人所具有的个性特点、需求与行为。接下来要说到的性格分类并不是互斥的，换句话说，有些人可能会出现在不止一个分类中。同样，这个列表也不能列出所有操纵者的种类。我尝试去概括最有可能在处理关系时使用操纵手段的人的性格特点。

还请注意，在接下来的描述中，有一些属于独立、确定、可诊断的人格障碍。尽管有些人可能并不会完全符合所有的诊断标准（由美国精神病学会的《精神障碍诊断与统计手册》[*Diagnostic and Statistical Manual of Mental Disorders*，简称 DSM-IV] 定义，它也是心理健康专家们的"圣经"）描述的特点与行为，但他们可能会表现出一些足以构成精神障碍的性格特点。如果你发现平常很难相处的人表现出以下分类特点，并且有不止一两种的性格模式，你就应该警惕起来，因为操纵随时可能发生。

在阅读下面这个列表的过程中，看看我的形容是否已经涵盖了你认识的所有人。

马基雅维利人格（为达目的不择手段者）

20 世纪 70 年代早期，心理学家理查德·克里斯蒂（Richard Christie）与他的同事发现了一种独特的人格类型，其特点是操纵欲旺盛、对人性充满怀疑、行事风格精明刻薄。这一人格类型得名于 16 世纪的政治哲学家马基雅维利，因为马基雅维利的人格类型就非常接近于一名操纵者。马基雅维利人格认同"为达目的，可利用一切手段"。对马基雅维利主义的定义就是在人际关系中使用操纵手段，以及将其他人作为获取个人利益的工具。

克里斯蒂研发出了一个测试，来衡量一个人成为马基雅维利主义者的倾向性。在这一测试中得分高的人会被认定为"马基雅维利主义倾向者"。他们选择的场景往往架构松散、不受"管控压榨手段"的规则所限制。他们会唤起其他人的特定反应，比如说怒火和对被压迫的报复。他们会以可预见的方式来影响或操纵他人，他们的手段是剥削性的、自私的，并且几乎永远是欺骗性的。

马基雅维利主义源于马基雅维利的观点，即统治者不受传统伦理道德所限，君主的唯一关注点应该是权力，并且为达成功可以不择手段。马基雅维利的这些法则，来自他所处时代的政治形势：

谦逊踪迹难寻；在与别人打交道时，展现出傲慢的态度更有效。

道德与伦理是属于弱者的；有权势的人为了目的，能够毫无心理负担地说谎、作弊、欺骗。

被畏惧，比受尊敬更好。

以现代的话语来说，马基雅维利主义倾向者会认同以下论述：

1. 控制他人的最好方式，就是说他们想听的话。

2. 完全相信其他人是在自找麻烦。

3. 最安全的方式就是假设所有人都有恶的一面，一旦有机会他们就会展现出来。

4. 大多数人只有在被强制时才会努力工作。

5. 不走捷径、不违反规则，就很难走在前面。

这些人会反对以下这些论述：

1. 请求别人为你做什么事时，最好给出真正的理由，而非能够增加请求成功率的理由。

2. 向别人说谎永远是不对的。

3. 大部分人基本上是好的、友善的。

4. 只有在符合道德标准时，一个人才能够去做。

马基雅维利主义倾向者是一个特别的类型。他们很吸引人、很自信，并且口齿伶俐；但他们也很傲慢、斤斤计较、愤世嫉俗，会控制与压迫他人。在实验室中，他们展现出了对于时机的敏锐，以及投机取巧的能力，同时他们还很会利用规则缺陷。

纳西索斯人格障碍（自恋型人格障碍）

第二种操纵他人的人格类型则是自恋型人格。有自恋型人格障碍的人容易自我膨胀，也具有非常强的应得权力感，这让他们对于别人的需求与感觉十分不敏感。

根据美国精神病学会的《精神障碍诊断与统计手册》的定义，有这种人格障碍的人往往心态自大狂妄，需要被赞美，而且缺乏对他人感觉与需求的同理心。自恋型人格在以下这些不良特点中，至少会具备5项：

1. 对于自己的重要性认知膨胀，以及对于自己成就与才智的夸大。

2. 会花很多时间幻想自己拥有无上的成功、权力、才智、美丽与"完美"的爱情。

3. 认为一个杰出的特殊人士，就应该只和其他特别或地位高的人与组织打交道。

4. 要求他人的过度赞美。

5. 认为自己理应得到特殊对待，或是其他人应该主动符合自己的要求。

6. 有想要剥削他人来获取自身利益的欲望。

7. 缺乏意识或感受他人需求的能力。

8. 总是嫉妒别人的成就与财富。

9. 桀骜不驯。

这些性格品质中，异常强烈的应得权力感让自恋型人格的人最有可能去操纵他人。这意味着他们不想承担任何需要给予回报的责任，而仅仅只是期待别人会给他们特殊对待。结果就是，当被操纵者不服从，或不按照他们所想行事时，他们会表现出生气或惊讶的情绪。

应得权力感让自恋型人格几乎是自动地开始利用他人来获取自身利益。实际上，对于自恋者来说，唯一重要的人就是能够给他们带来更多利益、提拔他们或提升他们形象的人。自恋者认为其他人必须为他服务、听从他的需求与优先权。自恋者对他人的剥削体现在完全不在意他人人格与权力的情境中。比如说，自恋型人格的雇主或经理完全不在乎他们的要求给员工生活带来的重负，只会一味驱使员工工作，直到让员工无法忍耐。

自恋者很明显缺乏对他人的同理心。他们缺乏（或不愿意）去理解别人的感受。比如说，如果朋友生病了，操纵者会表现出烦躁的情绪，因为他认为朋友的病给他带来了不便（比如说朋友必须卧病在床，不能陪他去参加聚会或其他活动），他完全体会不到生病朋友正感到身体不适。

自恋者的人际关系总是单向的，并且问题重重。其他人会认为自恋者都傲慢、自私、龟毛、冷漠、无情。

边缘型人格障碍

边缘这个词其实有些误导人。它并不意味着处在精神疾病的边缘。边缘型人格障碍指的是一种人格模式，它包含着非常不稳定的关系，以及不断变化的自我形象、情绪波动与难以控制的冲动行为。

边缘型人格障碍会让生活充满紧张、混乱或喧嚣。尽管的确有一些不错的经历，边缘型人格障碍对自己、对他人的认知会迅速剧变，并因此导致不错的经历被这样可怕的瞬间打断。

比如说，他可能会认为自己的恋人或伴侣是自己见过的最好的人。但一旦他觉得伴侣对自己关心不够或没能理解自己的需求，从而产生失望的情绪，这样的态度可能会转瞬变成贬低与鄙视。这样突然的剧变，会让他的伴侣失去平衡感，从而很容易被操纵。

边缘性人格很害怕会被抛弃，他们愿意付出一切代价来避免分离。他们对于任何拒绝的信号都会产生歇斯底里的反应。当他们感觉自己的安全感受到威胁时，会爆发出怒火。面对拒绝或被抛弃的威胁，他们会大发脾气，或表现出失望，但是他们在情绪失控后，又会觉得内疚羞愧。

根据《精神障碍诊断与统计手册》的定义，边缘型人格障碍至少有 5 项不良特点：

1. 为了不被抛弃（现实或仅仅是想象中的），可以不择手段。

2. 与他人之间的关系总是紧张而时起时落。

3. 自我认知会经常转变（比如说自己究竟是谁和自己究竟相信什么）。

4. 很难控制自我毁灭的冲动。

5. 会有自杀或自残的冲动（比如说在胳膊或其他身体部位自残）。

6. 经常在伤心、烦躁与焦虑等情绪之间迅速转变。

7. 深深地觉得一切都是虚无的。

8. 与实际情况不相称的怒火。

9. 在压力来袭时会有妄想或脱离感（比如说感觉像是在梦里）。

边缘型人格障碍的人操纵他人，主要通过唤起负面情绪反应这一方式。那些与边缘型人格障碍者打交道的人，很快就会知道，长期的不确定感、焦虑、沮丧与敌意，正是他们不稳定爆发行为的典型反应。

那些与边缘型人格障碍者相处的人往往会感觉自己被威胁、陷入双输困境、遭到冷暴力、怒火等他们认为不公平的方式所控制或利用。

边缘型人格障碍者倾向于利用一种被称为"情绪勒索"的操纵手段，这种手段由苏珊·福沃德（Susan Forward）

在 1997 年出版的同名书籍中提出。情绪勒索的定义是，如果他们不按照勒索者的意愿行事，勒索者就会以直接或间接的方式威胁施以惩罚。情绪勒索最基本的威胁方式都很直接：如果你不按照我希望的方式做事，我就会让你不好过。年龄小的孩子时不时地脾气暴发正是这种类型的完美例子，不过通常来说他们的年龄还不足以让他们被划分为边缘型人格障碍。然而实质就是这么回事。

和边缘型人格障碍者打交道，就像是被困在情绪过山车上一样，永远是戏剧性与混乱的循环，恰如狂飙运动，往往要承担他们情绪上的每一次剧变，从正常到低落、从开心到烦躁、从看似平静到爆发怒火，这些在一瞬间就能发生，一方不仅无法预期，甚至也根本无法理解。

随着时间过去，边缘型人格障碍者善变的心情和永不满足的要求，会让另一方体验到持续的沮丧。最终，沮丧会积累成怒火甚至拒绝，而这正是边缘型人格障碍者最害怕，但却又是他们自己亲手造成的。

所有与边缘型人格障碍者相处的人，几乎都会觉得自己被操纵了。从边缘型人格障碍者最初的想法来看，他的行为可能是源于恐惧、孤独、绝望甚至是无助，而非恶意或残忍。但是，尽管边缘型人格障碍者也许不是有意去控制或影响他人行为，但最终结果以及他们对他人极度负面的影响与其他操纵者并无二致。

依赖型人格障碍

有依赖型人格障碍的人都存在着一种想要被关心的过度需求，这让他们格外顺从与黏人。依赖型人格总是需要他人的关心，他们顺从、无助，除非能持续获取培育、肯定、保证和情感支持，否则他们就无法行动。因为无论决定是大是小，他们都无法自己做决定，所以其他与他们相处的人会因此被操纵，承担起为他们或帮助他们做决定的责任。实际上，是其他人承担起了依赖型人格的人生活的控制与责任。

由于依赖型人格实在太依赖他人了，导致他们没能学到符合年龄的决策技巧。反过来，这又延续与强化了他们的不足、幼稚与依赖性。为了降低他人对他们的期待，依赖型人格往往会假装无能，让其他人来做他（她）原本能自己做的事。

被单独丢下时，依赖型人格会表现得十分焦虑，因为他们实在太过依赖别人了。他们需要别人来告诉他们应该和谁在一起，在哪里生活，找什么样的工作（如果可能的话），穿什么衣服，去哪里吃什么，去哪里度假，怎样花钱，甚至是如何养育孩子。

批评只是表面现象，因为这符合他们的负面形象，因为他们觉得失去他人的指导非常可怕，所以即使不同意别人的意见，他们也不会表现出不同意或分歧。更甚者，即使被激怒，他们也不会表现出任何怒火，因为他们被关怀的需要至高无上，当被他们操纵的人来关心他们时，他们无法承受拒绝或抛下被操纵者的风险。

根据《精神障碍诊断与统计手册》的定义，如果一个人有过度的被关怀需求，并因此过度顺从或黏人，那么他就患有依赖型人格障碍。这一人格模式至少具有下面提到的不良特点中的 5 项：

1. 没有他人的建议与肯定，就无法做出决定。

2. 依赖他人承担起自己的大部分生活的责任。

3. 因为需要他人的支持与肯定而很想向他们提出不同意见。

4. 在没有他人帮助的情况下，很难自己着手开始做新项目、新任务或其他事。

5. 为了不惜一切获取他人的支持与帮助，不再愿意自己去做不想做或不能做的事。

6. 因为觉得自己照顾不了自己，所以在独自一个人时会觉得不舒服或很无助。

7. 在一段亲密关系结束之后立刻迫切地寻求一段新的关系来取代它（比如说反弹式的爱情关系）。

8. 会过度思虑如果没有人照顾自己了会如何。

依赖型人格的操纵手段很明显，尽管他们和边缘型人格一样，并不一定清楚实情，也不是故意的或是计划好的。无助感、服从感、需求感和对自己生活的放弃，这些都让依赖型人格去操纵他人照顾自己，为他们做决定。

依赖型在人格中的体现具有性别差异。女性会将服从作为操纵他人、让他人照顾自己的一种手段；而男性则会将自己的要求与需求表现得更加明显。然而，即使如此，这些男性实质上和表现出服从的女性一样，具有很强的依赖性。

表演型人格障碍

表演型（histrionic）这个词的意思是"戏剧化或演戏型"。有这种人格障碍的人会试图以不寻常的奇怪方式获取他人的注意。这些人的基本特征是寻求他人的关注，并且过分情绪化。

表演型人格的过分情绪化往往会表现为感情上的快速变化浅薄而造作。这样的人往往会反应过度。

表演型人格十分渴求他人的注意，当他们不是别人关注的中心时，就会觉得很不舒服。他们往往穿着浮夸，或留个非常奇特的发型，以此来赢取关注。他们还会以媚态来不断吸引他人的注意与好感。因为他们必须一直是注意的焦点，表演型人格会变得十分具有操纵性，并常会以情绪爆发的方式来实现自己的目的。

表演型人格的人也非常敏感。也因此他们非常容易轻信别人。他们会追逐最新的时尚、音乐等潮流，即使他们的兴趣并不符合他们的年龄（比如说，他们会努力让自己看起来比实际年龄更年轻）。

表演型人格的人是虚荣，并且固执己见的。他们与别人的关系往往都只停留在表面，而且他们的情绪表达与言语总是看起来很假或是缺乏感知的深度。

根据《精神障碍诊断与统计手册》的定义，具有需求注意力、过度情绪化的人是具有表演性人格障碍的。这一人格模式至少具有 5 项以下这些不良特点：

1. 当自己不是注意力焦点时，会觉得不舒服。

2. 总是会表现出不适合当前情况的媚态或是挑逗行为。

3. 表现出来的感情在他人看来非常善变、空洞与浅薄。

4. 总是会利用自己的外表打扮来吸引他人注意。

5. 说话方式过度夸张，且缺少特定的细节。

6. 在表达自我或讲述故事时，会表现得过分戏剧化。

7. 非常容易接受别人的建议，被他人的观点影响。

8. 总是会以为自己与别人的关系很亲密（实际上并没有）。

表演型人格往往会扮演两个角色，操纵者与被操纵者。就像前面描述的边缘型人格与依赖型人格一样，表演型人格的操纵手段基本上也是唤起，她会唤起别人的消极反应。

她挑逗露骨的行为（在她自己看来更像是社交手段，而非直接的性挑逗），很容易就会操纵别人以同样的方式对待她。这就会导致一些尴尬的情况，甚至引发性骚扰这样严重的情况。表演型人格容易遭到强暴，或是控诉他人强暴，或是在性行为之后，威胁要控诉他人强暴。

表演型人格最明显的操纵手段，源于他们想成为注意力焦点。比如说，在组织设定中，表演型人格会试图抢走任何一个正在讲话的人的风头，或是吸引群体中所有人的注意。通过过度的情绪表达（哭泣、怒气爆发等），表演型人格会以此操纵其他人注意到他（她），即使其他人并不想这么做。

被动攻击型人格

尽管被动攻击型人格已经不再被《精神障碍诊断与统计手册》收录为一种可诊断的人格障碍，但表现出这一人格特点的人可能会极具操纵欲。

理解被动攻击型人格的关键，在于意识到他们通过被动而非明显的、极具侵略性的方式来展现自己的敌意或侵略性。但是，用这样对他人要求或需求的被动抵御，他们往往会引出别人的沮丧情绪，并最终唤起他人的敌意。

被动攻击型人格最常见的手段就是拖延、懒散、顽固、故意的低效率与健忘。通常来说，被动攻击型人格会向别人抱怨上级给自己的任务。比如说，如果老板布置了一个项目，被动攻击型人格不会直接抵抗。相反，他们会发牢骚、生闷气，并且向同事或家人抱怨老板给他们施加了过度与"不合理"的要求。

抵抗的常见做法，就是"忘记"死线、错过会议，并且一直拖延到让需要他们工作成果的人感到失望或生气。

在人际关系中，被动攻击型人格会以消极的方式抵御他人的需求。比如说，如果被要求出席社交场所，被动攻击型人格会听从这一要求，但会通过沉默、缩在角落、闷闷不乐的方式表现出自己的抗拒。当另一方因为他拒绝沟通的行为烦躁时，被动攻击型人格会因为他（她）的反应而感到惊讶与迷惑。

总而言之，被动攻击型人格正是通过消极来操纵他人的。不去做别人要求他们做的事，或看似配合要求，却以消极抵抗来搞破坏，被动攻击型人格会用这些方式唤起失望与敌意，以此来操纵他人。他们很难改变，也不怎么知道他们的消极抵抗是如何影响到别人的。

当然，最终被动攻击型人格会操纵别人，让他们对自己的要求越来越少，因为依赖被动攻击型人格所要付出的情绪成本实在是太高了。

A 型人格

A 型是对高压力人格及其行为模式的描述。在 20 世纪 70 年代中期，当最初的 A 型研究完成时（仅仅针对男性），研究者认为有 A 型性格特征的男性，会比其他男性有更大的风险罹患心血管疾病。

A 型人格的核心，就是"匆忙症"。这样的人关注如何用更少的时间完成更多的事。用今天的说法，他们是典型的多任务工作者。如果他们碰上了堵车、排队，或必须等他人说完话或整理好思绪的情况，都会变得很紧张、很生气。

除了由于匆忙症而引发的自我压力，A 型人格具有很强的竞争意识，关注能够量化的成功（赚多少钱、晋升了多少次、拥有多少财富），而非生活品质（有多幸福或多健康，有多满足或多充实）。A 型人格也十分注意保持对周遭环境以及身边人的控制。

通过多年对于高压力 A 型人格的研究，我们已经能够判断，让 A 型人格更容易得心血管疾病及其他疾病的真正原因，那就是他们随时可能爆发的怒气与他们展现出来的敌意。对于 A 型人格，敌意永远一触即发。他们的紧张状态会让他们与周围的人都处于持续的压力之中。结果，任何破坏了他们的计划、打乱了他们的日程，或让他们的控制欲受挫的事，都会让他生气。也正是这样的怒气与敌意对他们来说是有毒的，甚至转变成了生理上的疾病。

自然，尽管大多数分析都建立在男性样本的基础上，A型人格的紧张、压力、竞争意识和脾气并非只有男性才有。数年前，我意识到A型人格研究基本都是针对男性之后，写了一本名为《E型女性》的书。我的议题是（并且现在依然是）许多女性都身兼数职（比如说职员、母亲、司机、厨师、管家、志愿者、女儿/姐妹/朋友等），她们的生活就和A型人格的男性一样充满压力，甚至可能比他们压力还大，但压力的类型是不一样的，因此也需要不同的对待方式与解决办法。

A型人格极具控制欲、易怒、令人畏惧。他们通过直接的控制手段来操纵他人。但是，他们也会通过唤起那些不希望成为其敌意目标的人的逃避策略来间接地操纵他人。

结果就是，那些为易怒的A型人格工作或与他们共事的人，或是与他们有私下接触的人，总是会为了避免激怒他们而"如履薄冰"。如果那些与A型人格打交道的人都是冲突规避者，害怕正面对抗，他们很可能会被死死控制住，仅仅是对抗或脾气暴发的威胁就足以吓到他们了。

易怒、有控制欲的人格也能用其他方式操纵身边的人。在这些人周围往往都充满压力。换言之，他们的压力等级让周围的每个人都会感受到压力和焦虑。

反社会人格障碍

有这种人格障碍的人，终其一生都会实行不负责任的行为模式，并且毫不关心他人的权利、社会规范、良心指令或法律。这一人格障碍具有显著的性别差异，被诊断出来的男性远远高于女性。

反社会人格很早就会显现出来。他们在少年时代会在合适的时机说谎，并且会在相信能够逃脱惩罚的时候偷东西。在成年之后，他们会转向更严重的"对抗行为"。反社会人格往往会有跌宕起伏的人生，他们的人际关系、工作和居住地都会有突然的变化。他们可能会参与违法活动，包括欺诈、偷窃、职务犯罪或贩卖毒品。他们的容忍力很低，而且如果事情没有按照他们设想的发展，他们很容易烦躁甚至变得具有攻击性。

这一人格让他们对自己与他人的安全置之不理。他们总是会做出极端的选择，比如说没有防护的性行为、大手大脚花钱、重度酗酒，甚至于危险的犯罪行为。

反社会人格自私傲慢。他们都是伶牙俐齿的健谈者，相信人就应该并且也只会为自己着想。他们的决定往往是冲动、不负责、自发的，完全不考虑自己行为的后果。他们在经济问题上毫无责任心，只会开空头支票、抵赖债务，并且对他们的行为会给别人造成的影响无动于衷、麻木不仁。

他们熟练地使用魅力与气场来欺骗、操纵、对抗他人。他们毫不内疚地撒谎，炉火纯青地使用假姓名，欺骗他人以获取利益或单纯找个乐子。他们相信所有人都会攻击、剥削他们，因此他们觉得自己先动手修理别人是十分合理的做法。他们能够熟练地利用花言巧语合理化自己的行为，他们会怪罪其他受害者太蠢、太容易上当，或认为其他人活该没人帮助。他们认同的信仰是，即使他们不利用这些受害者，其他人也会的。

反社会人格没有道德感。正因为这样，他们对伤害他人或他人因他们的行为而受苦几乎没有内疚感。如果你不幸认识，甚至成为他们的猎物，你就会明白反社会人格是最具操纵欲也最危险的人。无论如何，要不惜一切代价躲开他们。

成瘾人格

根据定义，成瘾意味着将某种物品或某件事（比如说酒精、毒品、赌博）置于首位，而其他人必然被排在后面。尽管成瘾人格没有被收录在《精神障碍诊断与统计手册》

的人格障碍名录中，但成瘾人格确实给同处一段关系中的人带来了生理与心理的巨大痛苦。只要花一晚上和戒酒互助会的配偶、孩子与其他依赖者（比如说那些依赖成瘾者的人）相处，你很快就会意识到成瘾者的瘾头给他们带来的伤害。

成瘾者几乎是臭名昭著地会说谎、抵赖、剥削别人，并且会对他们的家庭关系、工作关系和社会关系造成严重破坏。酒鬼和瘾君子通过他们的习惯与他们的不良人格特点与行为来操纵别人。

那些上瘾者的亲人几乎会想尽一切办法让他们不再喝酒或吸毒，让他们戒断、清醒。然而，随着成瘾渐深，酗酒者与瘾君子的生活质量会一落千丈，他们的习惯会操纵其他人，让其他人感到内疚、压抑、羞愧、生气、沮丧、不安、自尊受损与其他有毒的情绪。而这些都是成瘾者与他的瘾头造成的。

成瘾者的极端需求，会随着瘾头渐深、愈加乏力而更加过分，这也让依赖者牺牲自己的健康与幸福来满足他们过度的需求。因为成瘾者的问题不仅对他自己有害，也会深深伤害到他的依赖助成者。

除非酗酒者或瘾君子自己决定改变，没有人能够改变这一现状。

找出操纵者的练习

回到第 2 章，看五个案例研究的内容。你是否能够识别出案例中所描述的人的不同人格类型。然后看看你自己的生活。你能找出潜在的操纵者吗？

你是如何被操纵的？

在这一章，你已经知道了身边最有可能的操纵者。这些人格类型往往会将操纵作为常规且有效的处理人际关系的手段。

在你阅读这些人格描述的过程中，你可能已经看到了某些你平常觉得很难相处的人的影子。意识到这些人格特点与行为模式能够让你在操纵可能发生时保持敏感。

操纵是如何实施的？他们使用的手段与策略都有哪些？这就是第 7 章的主题。

**Who's Pulling
Your Strings?**

How
Manipulation
Works?

第 7 章

操纵是如何实施的？

Who's Pulling Your Strings?

How
Manipulation
Works?

你是否曾经被魔术把戏所迷惑，看到一个人被锯成两半时感到很神奇？你是否曾经看到魔术师从他的帽子里变出一只兔子，然后心想："他是怎么做到的？用的是什么方法？"

　　我女儿大概三岁时，我丈夫教给了她一个叫作"黑魔法"的小把戏。它是这样的：先让我女儿离开一个有很多人的房间，然后由某个人随意指房间内的一个物件或一个人。比如说选中的是一个碗。当我的丈夫把女儿重新叫回房间时，他会问她："选中的是沙发吗？是椅子吗？是地毯吗？是画吗？"而她则会很确定地说"不是"，直到被问到是不是碗时，她会很自信地说："是的。"

　　这个游戏中的物件，就是让人们来猜这个小把戏是如何完成的，几乎从没有人猜到过！无论这个小把戏重演多少遍，我女儿总是能够选对。而其他孩子或成年人则会提一大堆问题（"是因为你的语调有变化吗？你是不是在偷偷指着那样东西？是不是永远是你问的第四样东西？"），但这些怀疑都是徒劳的。他们被难住了。过了一会儿，一些成年人就会开始觉得沮丧，因为困住他们的居然是个小孩儿。

尽管我现在不应该戳穿这个小把戏，告诉你是如何做到的，但我可以告诉你它十分简单，也是应该这么简单，毕竟我女儿三岁时就能做到了。（她也可以像我丈夫那样提问，由我丈夫离开房间，然后回来由我女儿来问问题）。对我来说，这个把戏也十分明显。但是我看着他们玩过许多次这个游戏，总是会很惊讶人们居然会忽略最明显的线索。但是，如果你知道某些事的运作方式，那么当别人玩把戏时你就能够很容易地看出来了。

简单来说，操纵，很像一个魔术把戏。如果你花时间去了解操纵是如何进行的，那么在面对它时你就不太会感觉毫无保障，因为你知道会发生什么。它的神秘性将不复存在。

你是如何被操纵的？

操纵关系依赖于两种基本的人类驱动力：收获（或回报）和损失（或逃避）。这是驱动操纵的两个引擎。不用再费心去找其他比这更复杂的了：操纵往往能够归结为获得净收益的承诺和（或）遭受净损失的威胁。

在一些操纵关系中，通常都存在对获取一些珍贵收益的承诺，这也是被操纵者愿意参与这一项目的原因。或是操纵者承诺会回报给配合或顺从的受害者他们想要、需要、渴求、偏好的东西。

在一般的工作场所中，包含上级要求下属去做一些令人不快的事，比如说加班到很晚或在周六加班。他会暗示，甚至是明确说这就是人们在公司获得晋升的方式。目标会被告知："如果你想要晋升（或涨工资），你就应该周六出现在这里。当然，选择权永远在你自己。"老板会加上这么一句，说明整件事存在选择余地。

这很露骨，但有些时候，行为会更微妙，从而很难看出或感觉到操纵的存在。关键点就是，在这个例子中，操纵者会承诺给顺从的受害者一些他们想要的回报。

另外我们还需要理解的一点就是，在很多类似的情境中，受害者并不一定知道自己正在被操纵。有时它听起来更像是影响或建议。但是，当我们检视另一面，也就是如果受害者没有按照"要求"或"建议"执行的话，它就不再只是影响，而是赤裸裸的操纵行为了。

这样的情况发生在可能会失去珍贵之物或想避开某些事的时候。一名熟练的操纵者会利用受害者的恐惧，来承诺只要受害者展现出顺从与合作，就让他们免受损失或是避开惩罚性的结果。

控制杠杆

但是，驱动者无法自我驱动。他们还需要某些关键的控制杠杆来让操作运作起来。

所有操纵关系都取决于特定的控制杠杆，也就是对于获益的承诺，对于损失的恐惧或对于不想面对的事情的回避。举个例子，获益或回报的常见杠杆包括：

钱

权力

地位（比如说头衔、晋升，或某个学校、俱乐部的录取通知）

性

允许

爱

接纳

承诺（比如说某段关系）

表扬

保证

物质礼物

陪伴

可以看看这个列表，你也许就更容易回忆之前有人在你身上利用这些控制杠杆了。当你正渴望金钱、权力、晋升或进入某个高档俱乐部，有人用这些东西诱惑你，你可能还没意识到你正在被操纵就扑上去了。因为他（她）提供的正是你想要的东西，并且你将他（她）说的话视为影响而非直接的操纵。

如果对获益的承诺是控制杠杆，操纵看起来可以是软性、微妙的。但是，强硬、直接的操纵就是这枚硬币的另一面。看看下面这个列表，它包含了一些常见的损失、回避或恐惧的杠杆：

损失金钱

损失权力

失去地位

失去工作

失去晋升机会

失去其他奖励回报

失去能够得到回报的机会

当操纵者突然将杠杆从承诺获益转向损失威胁时，你就知道这是操纵，你会意识到你正在被操纵。这就像是你正在外面享受一个美丽秋日的阳光，突然一片乌云遮住了太阳，空气突然变凉，迫使你拢住自己的领子。承诺的收益突然转变成损失威胁，你就会感受到这样的战栗。操纵突然就变得压迫紧张起来。

记住，操纵往往开始于承诺回报，换来的却是丧失回报的威胁。换句话说，如果有人承诺给你某种收益，这种收益或承诺若有其中之一没有满足操纵者的动机，那么你接下来可能要面对的就是会失去收益或其他能够导致操纵的损失。

但是，涉及威胁损失、回避和（或）恐惧的控制杠杆就更多了：

对冲突的恐惧

对怒火的恐惧

对拒绝或是抛弃的恐惧

对失去爱的恐惧

对失败的恐惧

对暴露的恐惧（比如说秘密、缺点、不足）

对丢脸的恐惧

对内疚的恐惧

对批评的恐惧

对失去沟通的恐惧（比如说冷暴力，拒绝谈某一问题的心态）

对无法做爱的恐惧

花点时间再看看控制杠杆的列表。你越熟悉，你就会越敏锐，对于即将到来的操纵越能保持警觉。后面我会讲到，当你被操纵时应该做些什么，但是眼下最重要的是你要意识到发生在你身上的操纵。就棒球比赛来说，提高你的意识就像是在投手投出球时，击球手就能够意识到这是一个曲线球。即便是经验丰富的击球手，也只能偶尔击中一个曲线球。但是，想一想，如果捕手在他们耳边低语"下一个投是曲线球"击球手的安打率会高出多少。

这些表单的作用就是如此：让你意识到操纵这个曲线球。很快我就会检查你的得分。

操纵者想要什么？

简单来说，操纵者想从你身上得到这两个结果：

他想要你做某事。

他想要你不再做某事。

用心理学术语来说，操纵者在试图：

煽动你去做某事。换言之，他在试图让你去做某些符合他个人利益，却不一定对你自己有利的事。记

住，操纵者总是会将他自己的个人利益放在你的利益
之前。重点：总是。

或者她会阻止你去做某事。她希望能够中止某些
你正在做，但她想要你停止的行为。

正如你现在以及之后将会看到的，尽管程度不深，但
操纵者总是会走迂回路线。这就意味着，只要你知道自己
身处被操纵的环境之中（意识到投手的行动），你就能更好
地在操纵出现时发现它。

关于获益或损失的承诺（要么是煽动，要么是中止）
也许会是公开的（比如说承诺会有感激或肯定，会有物质
奖励等）；也许会是暗示的，没有说出口的（比如说否定，
失去获取晋升或其他奖励的机会，或是害怕这些事会
发生）。

哪些类型的关系容易被操纵？

正如我在前面提到的，操纵可以发生在每一种类型的
关系中。操纵是由获益或避免损失的承诺及相关手段以及
可预见的结果所定义的。因此，任何对你的身份、安全感、
地位、自我价值或自我满足感有潜在影响的关系都很有可
能隐藏着操纵，因为你会从中获取或损失最多的东西。

因为这些原因，操纵往往会发生在：

家庭关系（包括婚姻关系、亲子关系以及和其他
亲戚的关系）

性 / 恋爱关系（包括前配偶）

工作关系（同事或非同事）

朋友关系

学术关系（老师和学生）

专业关系（比如说医生和病人，律师和客户）

操纵者使用的是什么手段？

操纵者会使用多种手段来让你服从，以满足他们煽动
或阻止你的需求，但这些手段通常不是同时使用的，因为
这样做太明显了。一般来说，他们会先试一种手段，如果
失败了，再加大筹码。

使用的手段会根据你与操纵者之间建立的关系而有所
不同。比如说，你的配偶或爱人使用的方式，与你的老板
或上级使用的方式肯定会不同。同样，家庭成员使用的手
段，与朋友或同事使用的手段，肯定也会不一样。

由大卫·巴斯（David Buss）与他的同事在 1987 年进
行了一项研究，找到了正在约会的情侣试图操纵彼此行为

的手段。这些研究者找到了六种主要的操纵手段，情侣利用这些手段来实现煽动或中止对方行为的意图。

有一点需要重点关注，被研究的情侣并不是临床样本，他们之间的操纵没有产生问题。相反，这些研究者想要了解的是情侣之间彼此影响和（或）操纵的行为有哪些主要方式。最后的结果十分有趣，对于我们而言也十分有用，因为研究找到了六项在很多不同关系中都会出现的重要手段。

意识到以下六种手段也是操纵方法，能够再次帮助你对于别人的操纵意图保持敏感。你用过下面哪些手段，又有哪些手段被别人用在了你身上？

研究发现的第一个手段就是利用魅力。魅力策略的例子包括：

我赞美了她，所以她会做某事（或不再做某事）。

我表现出了自己的魅力，所以他会做某事（或不再做某事）。

当我询问她时，我试图表现得亲密浪漫。

在被问到之前，我就送了他小礼物或是卡片。

我告诉她，如果她做某事（或不做某事）我就帮她个忙。

第二种被情侣用来操纵对方的手段是沉默以对。例子包括：

> 除非他做了某事（或是不再做某事），否则我不会理他。
>
> 除非她做了某事（或是不再做某事），否则我会一直忽视她。
>
> 我会一直保持沉默，直到他去做某事（或是不再做某事）。
>
> 我拒绝做她喜欢的事，除非她做了某事（或是不再做某事）。

第三种手段则是胁迫。例子包括：

> 我要求她去做某事（或不再做某事）。
>
> 我对着他叫喊，直到他去做某事（或不再做某事）。
>
> 我批评她做某事（或不做某事）的行为。
>
> 我会咒骂她，直到她去做某事（或不再做某事）。
>
> 如果他做某事（或不做某事），我会用某些东西来威胁他。

第四种手段是讲道理。例子包括：

　　我告诉她为何她应该去做某事（或不再做某事）的原因。

　　我问他为什么不做某事（或停止做某事）。

　　我指出了所有能够从做某事（或不做某事）中获得的益处。

　　我解释了为什么我想要她去做某事（或不再做某事）。

　　我展现给他看了，我很愿意为他做某事。

第五种手段是倒退。例子包括：

　　我会一直噘着嘴生气，直到她去做某事（或不再做某事）。

　　我会一直生闷气，直到她去做某事（或不再做某事）。

　　巴斯与他的同事找到的第六种，也是最后一种手段，则是贬低。例子包括：

　　我可以被贬低，没有关系，这样她就会去做某事（或不再去做某事）了。

　　我放低了自己，这样他就会去做某事（或不再做某事了）。

我表现得很谦逊，所以她会去做某事（或不再做某事）。

这六种操纵手段并不只存在于情侣之间。实际上，你很可能在许多关系中都见识到了这些手段。但是，还有其他一些手段，虽然不太可能会被情侣用到，但在某些特定的关系中却很常见。比如说，工作中虽然有很明晰的权势感（老板或上司与你，你与你的下属），但操纵很可能就是以权势感作为手段，比如说你会被直接命令或引导去做某事（或不再做某事）。

在家庭关系中，引出内疚感是一种常见的手段。它可能会被归结于胁迫这一分类，但是这里值得一提的是许多人尤其擅长在家庭操纵中利用内疚感。计算好自己的语音语调，有时候足以将合理直接的诉求变成一场内疚。母亲说着："亲爱的，我们真的都很希望你能在假期回家，而不是和朋友出去。"只要用对了语调，就可以引发强烈的内疚感。

手段通常一项接一项，有着固定的模式，就像等待降落在繁忙机场的飞机。比如说，如果魅力没有效果，那么接下来就会用到沉默以对或胁迫。同样，如果讲道理不起作用，那么魅力与倒退就可能会被接着用到。但是，操纵者很少将手段组合起来使用，因为它们可能会相互冲突。

想想你生活中的人，试试将他们在让你去做或不再做某事时使用的手段进行分类。

你在什么时候对操纵最没有抵抗力？

操纵性关系可能发生在你生活中的任何时刻，但在这些情况中，你是最脆弱的：

> 处于转折期时——从一个发展阶段到另一个（从童年到青春期，从青春期到成年人）。
>
> 生活出现重大转变时——积极或消极，比如说结婚、生孩子、晋升或是失业。
>
> 你在考虑生活上的改变（比如说考虑离婚）。
>
> 你遭受了重大损失。
>
> 你正处于一段极度不稳定、不确定的时期。

你在这些时期会对自我重新定义，承受着非常大的压力与焦虑，有可能获得重大的收益，但也可能损失惨重。因为这些原因，你设想的获益和损失的范围与影响都会在很大程度上被强化。

这意味着你需要在这些最脆弱的时期加强对操纵者的抵御。真正熟练的操纵者就像秃鹫，能够感觉到最弱小的猎物在哪里。比如说，在第一份工作或新工作中，你需要的收益和回报是晋升、上级的肯定与同事的接纳，而你对此都没什么经验，这会让你很容易成为同事或老板这类操纵者的目标。

第 2 章中的弗朗辛，对于阿尼来说就是这样一个目标。或者说，一名刚回到单身状态，但又觉得"时间不等人"的男性或女性，会十分渴求一段能够走向婚姻的关系。因为这样的需求十分强烈，因此这样的人很有可能被手握承诺的人所操纵。

在第 8 章，你将有机会检视自己目前的需求系统。很快你将会看到，你认为自己最有可能获益或最害怕遭受损失的领域，正是最可能将你引入操纵关系的钓钩。

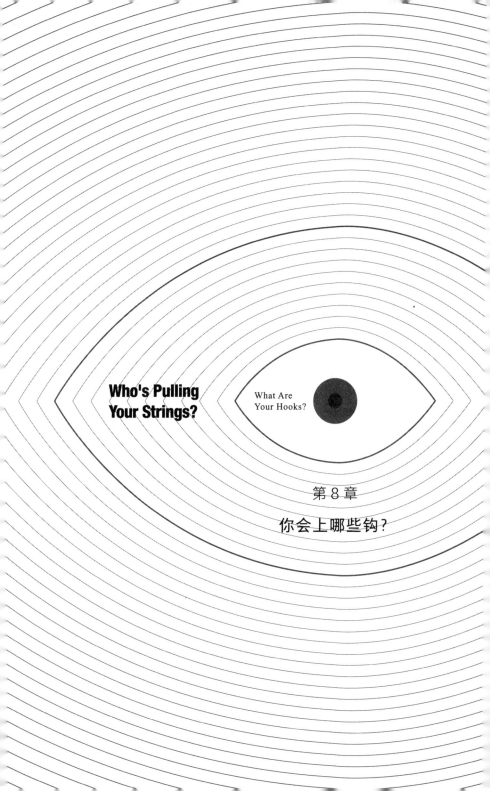

Who's Pulling Your Strings?

What Are Your Hooks?

第 8 章

你会上哪些钩？

**Who's Pulling
Your Strings?**

What Are
Your Hooks?

这一章主要是给你写的，我希望你可以在生命的这个阶段，理清自己的需求。根据操纵的机制，一名操纵者会将钓钩放在你最想获益（即在生活的这个阶段你真正想要或最需要的东西），或最害怕遭受损失的地方。熟练的操纵者似乎有很强的第六感，能够嗅到他们可以从哪里最大化地利用你对获益的渴望与你对损失的恐惧。但是有时候，正是你自己让这样的观察变得简单。

比如说，你对某些人可能特别坦诚，会告诉他们你的志向、需求、渴望、梦想，以及你对失去的恐惧。另一方面，你可能不会对很多其他人这样公开地说出你最深的渴望与担心。但实际上，你可能完全没意识到你的需求已经完全暴露了。

对自己坦诚以待，理解自己的需求系统，是非常重要的一步，能够让自己在面对操纵者时更加强硬。记住，操纵者会在目标身上使用不同的控制杠杆，他们可能会手握获益的承诺，激发被害者对损失的恐惧，或是提供避开某事的方法。

因此，拿出一张纸，准备好坦诚地审视自己。我只想问你两个问题，你可能会有很多种回答。

问题 1：在生活的这个阶段，你最想要或最需要的是什么？

思考下面这些潜在收益。对每一项进行考虑，并且给出 1 ~ 5 的得分。

1= 完全不需要

2= 不太需要

3= 相对需要

4= 很需要

5= 极度需要

现在给下面这些项目打分：

金钱

权势

地位

安全感

爱

性方面的满足

肯定

接纳

承诺

家庭

配偶

孩子

生活伴侣

长期的关系

幸福

免于忧虑

工作 / 职业成就

表扬

保证

物质礼品

友情 / 陪伴

成功 / 成就

身体健康

心理健康

休闲

笑容

自尊

自由

教育

竞争力

其他（请注明）：

对于得分超过 3 分的项目，写一到两段话，延展这一概念。比如说，你需要得到谁的爱与认可？你想要怎样的安全感？

这样做的目的，是让你尽可能详细地告诉自己，你的需求与潜在获益都在哪里。

问题 2：你最担心或最害怕失去的是什么？

阅读每一项，并给出 1 ~ 5 的得分：

1= 完全不担心

2= 稍有担心或恐惧

3= 中等程度的担心或恐惧

4= 很担心或恐惧

5= 极度担心与恐惧

然后，给这些项打分：

失去金钱

权势与地位的降低

失业

失去获益的机会

失去爱

失去性方面的满足感

害怕冲突或是正面对抗

害怕被拒绝

害怕被抛弃

害怕失败

害怕内疚感

害怕羞愧感

害怕批评

失去别人或自己对自己的尊重

失去青春与活力

失去健康的身体

失去健康的心理

离婚

不幸

失控

其他（请注明）：

再一次，对于得分超过 3 分的选项，写一到两段话描述自己的担心或恐惧是怎样的。

保护你的脆弱点

现在，你对自己最深层次的需求与最强烈的恐惧与忧虑都有了更好的理解。这样，你就能够知道操纵者是如何控制你的。当然，最关键的是你能够从操纵者之中找出"好家伙"，也就是真正把你的利益放在心上的非操纵者。基本原则是这样的：爱、友谊与好意往往会让你有安全感，并且不复杂，而操纵则会让你觉得被胁迫、被限制，十分复杂。

如果一名熟练的操纵者对你承诺，能够给你最渴望的东西或让你避开最希望避开的东西，他（她）很可能会向你的需求系统扔出诱饵。如果你咬了饵，就会上钩愈深。

如果操纵者之后表示，你的行为与行动将会决定收益是否能实现或损失能否避免（这就是诱饵），操纵的种子就已经播下了。除非你采取行动抵抗他（她）的控制，否则你的个人自由将岌岌可危。你最想要的东西和最害怕失去的东西正是操纵者会扔出钓钩，试图操纵你的领域。

　　记住，最开始操纵会伪装成"良性的影响"，但是一旦操纵转向胁迫，压力慢慢累积，操纵者就能够完全控制你。因此，这也是为何你在阅读前面两个列表时要对自己保持诚实。只要了解你自己真正的渴望与最害怕失去的东西，你就能够比那些想要利用你的渴望的潜在操纵者更胜一筹。知道他们是谁，让你能够保持敏感，在操纵来临时更好地发现它。

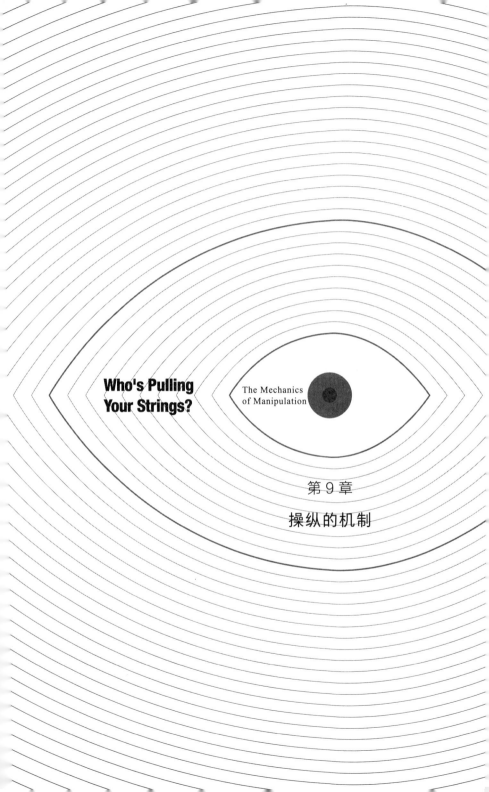

Who's Pulling
Your Strings?

The Mechanics
of Manipulation

第 9 章

操纵的机制

Who's Pulling Your Strings?

The Mechanics
of Manipulation

任何受过操纵关系之害的人都明白，操纵是一个过程，它跨越较长的一段时间。如果它很快出现在一段新关系中，那么目标很快就能发现，并且这段关系可能会在开始之前就结束了。"慢而稳"是许多操纵者的信条。

正如之前的章节指出的，操纵者在目标身上使用的控制杠杆，既可能是获益的承诺，也可能是避免损失的承诺。他们会告诉受害者，除非服从于他们，否则这些都无法实现。

操纵法则的核心相对简单。操纵者的获益承诺，最基本的公式就是"如果你按照我想要的方式做，我就会回报给你（获益承诺）"，或是"如果你不按照我的要求做，你就得不到你想要或需要的东西"。在这两种情境中，目标目前都没有自己想要的东西。这就是谚语中众所周知的胡萝卜。

然而，当控制杠杆是损失威胁时，公式则转变成了胁迫式的控制："如果你不按照我想要的方式做，你就会失去你珍惜、渴望或已经拥有的东西，甚至可能还会有其他的负面结果。"这就是大棒。

操纵者并不一定需要公开地说出这一公式，它的展现方式往往是隐蔽的威胁。但是，无论是不是明示，胡萝卜（获益）或大棒（损失或惩罚或结果）都是每一段操纵关系的核心。如果你觉得自己如今身处一段操纵关系，问问你自己："掌控这段关系的法则是什么？（操纵者）是如何控制我的行为的？"换言之，问问你自己："我在这段关系中，做这些事（某些行动或行为）是出于我自己的个人意愿，还是因为我害怕失去现在拥有的东西？"

操纵转移

通常来看，操纵者会同时或有顺序地使用这两种控制杠杆。比如说，操纵关系的初期，操纵者一般会以获益承诺来诱惑目标。随着操纵过程的进展，控制杠杆可能会悄悄或私下转移为失去获益或失去获益机会的威胁。一旦操纵控制转向损失威胁，被操纵者就会感受到胁迫感与不断增加的压力。

一般来说，获益承诺与损失威胁代表了这段关系的终点与目的。在通向这一目的的路上，无论是为了获益还是为了避免损失，操纵者都会以更小、更频繁、更常规的操纵手段来控制他的受害者。也正是通过这些高频率的操纵手段，受害者逐渐失去了对自己的控制，感觉到被操纵，并在最终感觉到胁迫感与高度压力。如果承诺的获益从未变成现实，受害者会觉得被欺骗了，尤其是他一直服从操纵者对他的任何要求。

比如说，如果承诺的获益是工作上的晋升，一名操纵性的上级会对下级施加控制，可能会表现为要求他加班或在周末工作，也可能表现为要求他帮助自己或为自己完成任务，或是要求他违反公司纪律、监视同事。所有这些对个人的操纵，都是通过对服从与不服从的直接奖励或惩罚来控制的。但是，操纵者对于受害者整体的控制杠杆是一致的："如果你按照我想要的方式做，你就能得到晋升，在这家公司走得更远。如果你不这样做，不取悦我，你就不会得到晋升（甚至还会阻碍你）。"后一句话中暗示的威胁包括降职、开除、负面的绩效反馈、批评或是在其他员工面前遭到公开羞辱。

我们在第 2 章看到，弗朗辛最初受控于自己想要成功与赚钱的欲望。随着操纵的加深，控制杠杆变成了可能会失去这段能够带来利益的合作关系的恐惧。

操纵过程

操纵是一个随时间变化的过程，这一事实意味操纵者会用一系列获益承诺与损失威胁来控制目标行为。操纵很少是个别的单独事件，它是一个横跨一段时间的全面过程。

操纵者控制目标的方式是利用正面与负面的回报或强化效应，以及实际或威胁会发生的负面结果与惩罚。操纵的隐藏过程往往开始于操纵者利用微妙、间接甚至欺骗性的手段设下陷阱，或是利用令人愉悦、适宜或良性的奖励信号。

操纵者会先唤起目标的兴趣，利用看似无害或不重要的要求来引出目标的顺从与合作。通常来说，在操纵关系的开始阶段，潜在操纵者的要求看起来完全符合目标自身的利益。实际上，当目标看见了操纵者与自己之间的利益联系（他还没有意识到自己可能成为操纵的受害者），操纵者与目标之间建立起信任感的关键一步就开始了。

当然，随着操纵的本性不断暴露，这样的信任感也会不断被腐蚀。

在引起目标的兴趣之后，操纵者开始利用自己的要求与需求来寻求目标的顺从与配合。此时目标还未变成完全的受害者，他们会因为操纵者的注意与兴趣而感到受宠若惊，甚至因此而被诱惑。

这段关系最初看上去是一段双方需求都能得到满足的积极关系，然而它会逐渐发展为彻底的操纵陷阱。比如说，一名潜在的操纵者男友，起初会表现得符合他女朋友的要求，如爱恋、口头表扬或其他肯定的暗示。随着时间推移，回报可能会转变成长期的承诺或结婚组建家庭，就像第 2 章中的瓦莱丽与杰伊那样。

当男朋友开始使用分手威胁作为手段，表现出他突然"需要个人空间"，或是谈起他对于这段关系的不确定，看似良性无害的影响就转变成了胁迫性的控制，操纵就出现了。现在，比起获益承诺（比如说婚姻），女朋友被失去的恐惧操纵，害怕会失去这段关系、失去他的爱、失去结婚与组成家庭的可能。仅仅是失去威胁，就足以让他能够控制女朋友的行为、思维、观点与自尊。如果在她心里，她认为自己做了让操纵者不开心的事，她会毫不犹豫地服从他之后的要求，因为她害怕男友可能会离开。

这就是典型的操纵。

现在，让我们看一看操纵者用来获取权力、控制目标的五种主要方式。

操纵性控制的方式

操纵关系看起来往往错综复杂，尤其是对被操纵者而言。但是，操纵者用来控制受害者行为的方式，实际上很好理解。

一旦你理解了控制的基本手段，你就能够冲破操纵者的复杂言语与情感圈套，清晰简单地看到操纵者是如何施加他（她）的控制的。这对于打破操纵者对你的控制格外重要，即使这样的操纵已经有些时间了。

操纵者控制受害者的五种基本方式如下：

1. 正强化
2. 负强化
3. 间断强化
4. 惩罚
5. 创伤型一次性尝试学习

在心理学术语中，这些都是学习的基本模式。因此，它们也并不局限于操纵关系中。实际上，这些基本的学习模式，会在所有的关系与情境中被用来影响、教授、教练、激励、规范、鼓励与操纵他人。

无论你是否清楚这些模式，你肯定使用过它们来矫正、影响、塑造或控制其他人的行为，而其他人也同样用过这些方式来影响、塑造或控制你的行为。我们正是利用这些基本的模式来教授小孩，培训员工，改变配偶以及鼓励或贬低朋友与家庭。

那么，在操纵方面又有什么不同呢？在回答这个问题之前，我们先来看看这每一条实现控制的基本方式。

正强化

这一方式是回报奖励的基本原则。如果你喜欢别人现在的行为，并且希望增加他（她）这么做的频率，你就会提供回报奖励，这就是正强化。这样的强化形式包括表扬、金钱、肯定、感情、礼物、注意、表示肯定或愉悦的面部表情（比如说微笑或大笑）、公开认同以及其他物质与非物质奖励的混合，也可以是其他奖励，比如说加薪、头衔和晋升。

举个例子，正强化是最快让狗学会坐下或不动的方法。正强化意味着在训练过程中，只要狗做出符合期待的行为，就能获得一次奖励，比如说轻拍或是一块狗饼干。

我们所依赖的人、所爱的人、所尊敬的人，以及能够满足我们欲望的人和帮助我们避免损失的人，他们的奖励与强化将影响我们，人类终其一生都逃脱不了这种影响。在每天成百上千次的接触中，我们都因为自己所做的事而强化他人以及受到他人的强化。正强化增加了期待的行为再次发生的可能。

需要重点说明的一点是，正强化一般来讲都是感觉比较好的体验，对于目标来说这是一种愉悦的经历。这也正是它有用的原因。我们喜欢获得老板的肯定或表扬，喜欢被别人喜爱，或是仅仅喜欢看到我们所爱的人面露幸福，我们喜欢被别人欣赏与珍视，喜欢看到自己的努力卓见成效。熟练的操纵者也知道这些，他们会利用正强化来让目标感觉良好（从而让他们偏向于带来奖励的操纵者），并且增强他们想要的行为与习惯。

操纵者会使用正强化吗？当然，尤其是在关系发展的早期阶段。如果他们仅使用正强化手段，尤其是奖励如果都是你渴求的东西的话，那这段关系就不是操纵关系了。实际上，基于正强化的关系往往都是怡人的。

主观上看，反馈就是目标会发现他们的行为能够取悦操纵者。对于取悦他人者，这本身就是巨大的回报奖励了，因此他们会多次重复这样"取悦"的行为。

然而，在操纵者利用持续的正强化将目标诱入这段关系之后，"游戏"通常会走向另一个方向。比起频繁、微小的奖励，摆在目标面前的是长期且更具诱惑的收益。它看上去就在目标触手可及的地方。最初，目标会有很强的动力去获取这一收益。目标愿意先苦后甜，不惜一切代价，并且会耐心地等待"极大收益"实现的时刻。

但是，这就是摩擦所在：在操纵关系中，获益一直是虚幻而无法实现的。然而，操纵者仍然会继续用获益承诺激励目标。最终，随着操纵的动态逐渐清晰，目标会开始怀疑无论他们多努力，承诺的收益都永远不会成真。

因此，当目标挣扎着想去理解目前的状况时，另一种微妙的转向将强化机制或控制杠杆从积极变成消极。在操纵者的控制之下，目标感觉自己更多是被也许永远也得不到利益的恐惧所迫，而非实现目的的动力。现在，避免损失（现在还没得到的收益）的需求成了最主要的动机。

负强化

许多人会将负强化与惩罚混淆，但它们其实很不一样。理解负强化效果的最佳方式，就是使用实验室样本。比如装在笼子里的小鼠（学习心理学家会用这类小型生物做研究）。笼子被分成两个隔间：一个隔间除了一扇白色的门都被刷成了黑色，另一个隔间全部刷成了白色，两个隔间相连。为了同时体现正强化与负强化，我们假设研究目的就是教会（影响、教练、操纵？）小鼠尽可能快地从黑色隔间跑到白色隔间。

小鼠 1 被放在黑色的隔间。我们在白色隔间最远的角落放了一小块奶酪。小鼠会先观察黑色的隔间，直到发现了白色的门，它有可能出于好奇心推开它，也有可能是因为它嗅到了芝士的味道。然后进入白色的隔间，吃上奶酪。这就是正强化。小鼠很快乐。

第二次，同样的小鼠又被放在了黑色的隔间。这一次，它会更快地推开白色的门，并且吃上奶酪（正强化）。现在，小鼠既快乐又聪明。

我们再做几次这样的试验。每一次，小鼠都会以比上一次更快的速度进入白色隔间。即使我们不再放奶酪，小鼠也依旧会以很快的速度从黑色隔间跑到白色隔间，因为对于小鼠来说，芝士与白色隔间的联系让它觉得白色隔间更好。

到这一步，我们已经展现了如何利用正强化教会小鼠从黑色隔间移动到白色隔间，也就是小鼠做出我们所期望的行动（从黑色隔间到白色隔间）之后立刻给予奖励。

现在，让我们将小鼠 2 放在黑色隔间中。我们的目的是一样的，看它多久能学会从黑色隔间移动到白色隔间。但是，这一次，白色隔间里没有奶酪，相反，我们在黑色隔间通了电，一有轻微的压力，就会产生有痛感但不强烈的电流。小鼠 2 被放在黑色隔间，立刻就能感觉到不舒服的电击。短短几秒，小鼠就开始撞墙、震颤、小便，表现出高度紧张的举动。但是，在撞墙的过程中，小鼠或早或晚都会发现白色的门，从而进入没有电击的白色隔间。那里没有奶酪，但是只要一进入这个隔间，痛苦不快的体验就能够停止。

小鼠 2 经历的是负强化，也就是做出我们所期望的行为时，痛苦、不快或其他负面的体验就能够停止与打断。

另外，小鼠 2 会比小鼠 1 更快地学会从黑色隔间转移到白色隔间，这个事实可能并不会让你惊讶。一旦小鼠习得这一行为，即使黑色隔间的电流已经关闭，小鼠也会立刻跑到白色隔间去。如今，黑色隔间已经因为电击而有了负面的意义。

负强化有时也会被称为厌恶疗法，"奖励"就是当目标（在我们的案例中是小鼠）符合实验者的期望时，就能够避开或停止不舒服的体验。

现在，让我们思考一下人类世界的正强化与负强化。在我们举例的过程中，操纵者的形象逐渐成形。

正如我之前所解释的，在我们的日常生活中有无数正强化的例子。当我们的孩子做了好事、得了高分或在运动中特别努力的时候，我们会表扬他们。当我们的员工做了我们期望的工作，我们会感谢、赞扬他们。我们会感谢朋友的帮忙。当家庭成员展示出慷慨、慈爱、体贴和其他我们渴望的行为时，我们更是会格外感谢他们。

正强化的例子很多。大体上来说，受到正强化激励的人会在未来重复相同或类似的行为，只要他们觉得这样的强化对于他们的努力是匹配或合适的，他们就会维持相对开心、满足的状态。

那么像小鼠 2 一样的人又是怎样的呢？想一想一位母亲，她有一个 12 岁的熊孩子，在她眼前是一个乱糟糟的房间。她不断告诉孩子应该打扫房间，当孩子不去打扫，她会开始发火，威胁他如果他不把那些不知道是什么的鬼东西移开，把房间搞干净的话就惩罚他。而当小男孩听话之后，唠叨、叫喊与威胁都会停止。她没有告诉他一个好男孩是怎样的，也没有奖励他。她仅仅只是不再发火。瞧！这就是负强化。

唠叨之于人，就如同电击之于小鼠。拒绝沟通（沉默以对）也是一种负强化。打破沉默就需要有人顺从地做出被期望的行为（道歉是去做他被要求做的事）。无论是什么时候，当一个人要求另一个人，直到他顺从自己的要求、需求才会停止这样痛苦、不快的负面体验，就是负强化在起作用。

还有一些行为，效果也和电击一样，包括生闷气、唠叨、抱怨、哭泣或指责他人。这些技巧奏效时，会唤起人们的内疚感、羞愧感、未达成的义务感和逃避的责任感。

另外，操纵者也可能会使用恐吓手段，比如说叫喊、诅咒或发怒，唤起目标对否定、对正面对抗、对拒绝或抛弃的恐惧，以此来控制他们。或者说操纵者会将目标与其他人（比如说其他亲戚或同事）进行令人不适的对比，来激发目标的自尊受挫感、自信受挫感与不足感。

最终，操纵者会通过质问（"你真的知道你想要的是什么吗？"）或是表达出不确定性（"你永远没法完全确定什么事。"）来煽动目标的迷茫、对改变或做出坏选择、犯错的恐惧。

操纵者用这些手段唤起的负面情绪（内疚、恐惧和不足感），就像电击一样，让人非常不舒服。而顺从与配合操纵者的要求与需求，目标能够立刻（但也只是短期的）从这些痛苦或不适的感觉与恐惧中脱离出来。按照操纵者的要求去做，让不适、不快、痛苦的感觉停止（尽管只是暂时的），目标的行为被负强化了。

现在，你能看清楚操纵者的手段了。对于潜在损失或其他负面结果的担心或恐惧（比如说，"如果我不做这个，我就会失去工作。""如果我不把作业给这个人抄，我就会被排挤。""如果我不让他来操纵这段关系，他就会离开我。"），当你做出期望行为之后，这些负面的体验就能停止或至少是暂时性地停止。

负强化是操纵者经常使用的手段。记住，小鼠 2 随时顺从，但它一点也不快乐。被负强化手段控制或操纵的人通常会感到厌恶、生气、沮丧，并且会开始感觉到抑郁、低自尊、焦虑以及其他负面症状，这些负面情绪又会延续不快的体验。

回到第 2 章，我们再看一看那些案例。你是否能够辨识出其中的正强化与负强化例子。

间断强化

正强化与负强化既可以是持续一致的，也可以是间断的、分部分的，且是随机与无法预测的。强化的两个维度——频率模式和强化行为的可预测性，会很大程度影响目标对施加强化的人的感觉，以及对强化引发的行为的感觉。

部分或间接地施加正强化时，很可能会引致成瘾行为。随机式的强化则可能引发沮丧与强迫行为，因为目标一直在寻求预期的奖励。在包含间断强化的操纵关系中，目标很难分辨出何时他们的行为被间断强化，何时则根本没有任何强化。

当我面对操纵关系中的病人时，常常会给他们讲"鸽子的故事"。实际上，这是另一项实验，能够展现出持续的强化与间断强化效果的区别。

这一次，实验样本是鸽子而非小鼠。这次的笼子（有时也会因为行为学家斯金纳而被称为斯金纳之箱）中，只有一套杠杆和食槽，鸽子能用鸟喙戳动杠杆，通过杠杆给食槽加饲料。我们先来看看持续性的正强化是怎样的。

鸽子1进入笼子，它已经饿了一段时间，非常饥饿。它会在笼子里啄来啄去，直到它好奇或碰巧戳中杠杆。一旦它戳中杠杆，鸽饲料就会被传送到食槽里，鸽子1立刻就能饱餐一顿。

鸽子1戳动杠杆的行为被正强化了。我们的目的是教会它戳动杠杆，因此我们采用的是被心理学家称为100%持续的正强化节奏。简单来说，它意味着每一次鸽子 1 戳动杠杆，它都会得到食物。一次戳动，一次食物。很快，鸽子 1 就会培养出戳动杠杆的习惯。

接下来我们把目光从鸽子 1 转向鸽子 2。它在笼子里的生活一开始和鸽子 1 一样。大约经过 10 次，它就养成了戳动杠杆的习惯。这时我们突然改变了游戏规则。我们不再每次都提供食物，而是变成随机发放。只会在它戳动杠杆的某些时候，以完全随机的方式提供食物。这有时也被称为赌博式节奏，这就是间断强化。

因此，鸽子 2 可能戳动了 6 次杠杆都没有食物，但第 7 次又有了；之后的 19 次没有，紧接着的 6 次又有了；再之后的 15 次没有，然后又有了 1 次。关键点在于，强化是难以预计的，只有某些时候会有效果。整个过程没有节奏，没有原因。

为了展现这两种强化节奏的效果，我们不再给两只鸽子任何奖励。它们都不再得到食物。我们会计算在没有任何正强化的情况下，鸽子戳动杠杆的行为会持续多久。因为没有报酬或奖励，心理学家将其视为强迫行为。

鸽子 1 只持续了很短一段时间。因为此前它每一次都能戳动杠杆获得食物，因此它更容易理解好事已经结束。它很快就慢下来，最终不再去戳动杠杆。毕竟，现在这样做还有什么意义呢？

然后，在另一个笼子，鸽子2依然会在没有任何奖励的情况下持续戳动杠杆，直到筋疲力尽。为什么呢？因为奖励是无法预计的，鸽子2根本不知道间断的奖励已经变成了没有奖励。实际上，鸽子2已经对戳动杠杆这种行为上瘾了。以人类的角度来看，习惯间断强化的人心中永远存有希望。

心理学家已经证明，被间断强化的鸽子、小鼠与人类都会养成上瘾、强迫性的行为习惯。想象一个不断玩着老虎机的人。这名赌徒不停地摇动拉杆，大部分时间都在输钱，只有在非常偶尔的情况下能中个奖。这个奖励就是一种"修正"，它让人能够持续这种强迫性的行为到下一次赢。

人类世界中，操纵情况下的间断强化又是怎样的呢？想象一名女性，她有一位操纵者伴侣，但是她沉醉在这段爱情关系中。这段关系开始时，每一次她做出伴侣期望的行为（性诱惑或帮助他），他都会给予她许多关注、感情与礼物。然而，随着时间过去，他越来越少表现出这些行为。实际上，他的反应变得越来越难以预料了。她会继续对他好，但他的反应十分冷淡，或表现得仿佛这是他应得的。然而有些时候，他又会突然奖励她，说他爱她。他一直以间断强化的方式吊着她。这名女性就像是鸽子2。

再想想一名总裁助理（假设他是一名年轻男性），他为一名女性总裁工作。这位总裁十分出色，但却有着难以捉摸的暴脾气。为了得到晋升机会，这位助理十分努力地取悦他龟毛的老板。刚开始，她经常表扬他。然后她会完全忽视了他的努力。但是，有时候，她在办公室的心情会特别糟糕。她会骂他一整天，直到他去做那些能够取悦她的事，辱骂才会停止。他开始被间断负强化所操纵。

因此，无论是正强化还是负强化，强化的节奏是建立起对他人控制的一个关键因素。持续一致的强化，即使是负面的，也会比间断强化给接受者带来的焦虑与压力小得多。

实际上，如果你想要煽动他人的焦虑与压力，最有效的方式就是随机、没有规律地给他（她）造成痛苦或不快的经历。想想 911 恐袭之后全国的焦虑感。我们总是在等待着"另一只靴子"落地。

有些操纵者是彻底的心理恐怖分子，他们会让自己的受害者永远处于危险边缘，时刻担忧下一次不快的经历何时会发生。正是这样的不确定性，而不是坏事本身，滋养着焦虑与压力。

惩 罚

负强化与惩罚唯一的区别，就是负面体验的时机。在负强化中，令人不快的刺激会发生在目标做出期望行为之前，这种不快的刺激（强化）是否会持续，取决于目标的服从程度。尽管使用负强化的操纵者很少会说出这一手段背后的公式，但它实际上很清晰："除非你按照我想要的做，否则我就会一直以这种不快的方式对待你。如果你服从，我就会让你不再受这种折磨。如果你不服从，那么这种糟糕的体验就会继续下去，甚至可能还会有更差的事。"

而在惩罚中，负面的体验则是目标做出不被期望的行为承受的直接后果。这一手段的法则是："如果你做了我不喜欢的事，我就会伤害你。"

惩罚被广泛地作为一种规范或控制机制。然而，大部分人没有意识到，惩罚在控制行为方面远没有正强化与负强化有效。实际上，比起彻底消除不被期望的行为，惩罚往往只会导致不稳定的行为——有时不被期望的行为会继续，有时会暂停，但之后又会以相同或不同的形式出现。

有趣的是，惩罚奏效时，往往是因为目标已经意识到了负面行为与负面结果之间的关系。结果就是，目标学会了应对惩罚的恐惧，而这一恐惧本身就成了负强化。由于存在这样的恐惧，目标试图通过停止不被期望的行为，做出期望的行为来避免惩罚或负面的结果，这反而削弱了目标对于实际的负面惩罚的恐惧。

操纵者通常结合使用惩罚与其他强化手段来建立起对受害者的胁迫控制。

创伤型一次性尝试学习

操纵者控制目标的第五种方法，就是创伤型一次性尝试学习。这一控制行为的手段就是众所周知的"手放热炉上才知痛"。换言之，如果你体会过一次被烫的疼痛，你就不会再去做第二次了。

一次可怕的经历或留下创伤的经历，会持续很长时间，并产生泛化效果。比如说，一名曾经被比特犬攻击咬伤的孩子，很可能一辈子都会害怕狗。泛化效果意味着孩子的害怕不只针对比特犬，也有可能是与比特犬相似的东西，让他（她）能够想起比特犬，甚至是所有的狗。

当一个人经历了一件非常可怕的事（可能亲眼看到或亲身体验到严重的受伤或死亡，或是感受到自身可能死亡的巨大恐惧），就可能出现创伤后应激障碍（PTSD）的症状。PTSD 受害者会感觉到无助、受打击与恐惧。这一症状的一个特点就是未来的相似事件，会再次激发受害者的这种恐惧反应。

"911 恐怖袭击"事件几乎让全美国的人都遭受了一种创伤感。仅仅是观看电视上一遍遍播放的可怕影像就足以让纽约和其他地方的人体会到创伤。创伤感让千里之外的人也感觉到自己似乎亲身经历了这一事件。

但操纵者是如何利用创伤型一次性尝试学习的呢？比

如说，有身体或精神暴力倾向的丈夫第一次施暴就会让受害者建立起害怕与不安的情绪。在那之后，受害者会一直害怕，并且采取避开再一次暴力的应对方式。不幸的是，几乎所有施暴者都会重复施暴，从而让受害者最初的创伤体验越来越深。

我有一位病人，是一名初入公司正在接受培训的年轻女性。她很有野心、聪明、有进取心，刚进公司时，就被看作销售界的未来之星。

在入职培训中，她几乎获得了所有导师的好评，随后她被指派了一名新导师。过了一周，她的新导师把她叫进办公室，关上门对她进行了刻薄的语言人身攻击。新导师的长篇大论持续了整整十分钟，都是在贬低、批评、斥责她，并伴以捶桌子、吼叫与红脸。

这次经历之后，年轻的姑娘陷入啜泣、颤抖，甚至不得不早退，请假在家度过了这一周。当她回来完成三个月的培训项目时，她依然对新导师充满恐惧。尽管她想从导师的批评中找到有用的东西，但她发现他的话完全没有指向，也没有逻辑。并且他的这次爆发使她陷入焦虑与震颤，影响了她在未来倾听导师建议的能力。

她不再像之前那样活力十足、有动力，而是开始"放低姿态"，避免被导师注意到。这样"低调"的模式让她的销售数据一落千丈。更甚者，她的焦虑与压力影响了她的表现，降低了她的自信。仅仅一次暴怒指责，导师就完成了他的任务：对年轻的女培训生情绪与行为的操纵和控制。

尽管语言乃至身体攻击是操纵者常用的手段，极端的情绪化与情绪失控也有着非常强烈的冲击。

我的一名男性病人，和一位女性开心地相处了好几个月，直到有一天，她突然完全"失去控制"并且爆发了"情绪飓风"。他说她开始语无伦次地痛骂，她哭泣、尖叫、啜泣并在最终升级成了"恐怖袭击"。最糟糕的是，她把原因都怪在他身上。

在这一插曲之后，他还和她约会了几个月。但是他说："感觉再也不一样了。我总是小心翼翼，害怕会引发另一次情绪崩塌。我再也不想经历那种疯狂了。"

心理学术语称之为"一次性尝试学习"，是因为它对于受害者的冲击实在太大了，足以实现对受害者的行为控制。但是，那些突然爆发的人往往不会只有这一次的失控，他们的自我控制能力不太好。换言之，如果情绪爆发发生过一次，第二次爆发是早晚的问题。

多手段操纵

大多数操纵者都会使用大部分乃至所有上面提到的方式来控制受害者的行为。这些手段不是互斥的，操纵者可能会改变手段与方式，让自己的行为没有规律可循，以此混淆目标。

弥天大谎

操纵者的最终手段，就是"弥天大谎"。正如我们之前讨论的，操纵者的控制往往是建立在获益承诺以及规避损失、恐惧或其他坏事上的。一旦受害者被这样的承诺诱骗，操纵者的游戏就开始了。操纵者可能会利用所有强化手段和之前说到的控制方法让受害者为了获益或避开损失而持续地服从自己的需求。

受害者常常会发现，即使他们的服从堪称完美，承诺的获益也根本不会实现。正如一名操纵者老板的受害者所说的："我永远无法得到那个晋升机会。无论我做什么都一样。他一直在对我说谎，让我甘愿被他控制。在我经历生命中最糟糕也最艰难的两年之后，我被解雇了。这就是我最后得到的！我只希望能早点意识到这一切就是个大骗局。"

恋爱操纵的受害者相信，如果他们按照操纵者的要求做，他们就能够赢得他（她）的爱和承诺，反过来，如果他们没能取悦操纵者，他们就会失去他（她）的爱，并最终被抛弃。不幸的是，受害者会发现，操纵他们的人其实根本就不爱他们，因此威胁他们会失去他（她）的爱根本就是个大谎话。

发现自己长期以来深陷在一个大骗局中，有一点好处，就是这样的意识能够帮你走出脱离操纵、迈向自由的第一步。

受害者的反控制

最后，在结束本章之前，我还要解释一下，操纵的受害者有能力对操纵者实现反控制。它是这样实现的：

一旦胁迫操纵的模式建立起来，操纵关系中的受害者会体验到极度的压力、焦虑、内心冲突与压抑。受害者很少意识到，他在这段操纵过程中也是合谋者。更甚者，受害者会觉得自己受到控制，毫无力量，所以往往也看不到自己的反控制杠杆在哪里。

记住，要形成操纵关系，就必须有（至少）两个人。在这一章，我们已经看到了操纵者是如何利用看似良性或愉悦的正强化与获益承诺将目标引诱进操纵关系中的。

我们还看到，随着时间流逝，控制手段往往会从正强化转为负强化。持续与间断强化、惩罚和创伤型一次性尝试学习也都会被用上。

但是，关键的一点是要意识到，尽管远没有操纵者那么刻意，但受害者也正在控制操纵者。受害者的每一次顺从、做出期望的行为（或改正不被期望的行为），操纵者使用的操纵手段都被强化了。还记得在本章关于正强化奖励的讨论吗？每一次受害者顺从操纵者的"要求"，操纵者就得到了他的奖励或被正强化了。

日复一日，受害者会开始觉得自己在操纵者的"五指山中"。可以预见这种压力对于目标的认知、判断与自尊会产生扭曲的影响。最重要的是，压力限制了受害者寻找其他可能，也限制了他们认识到自身权利与自由的能力。结果就造成了操纵的进一步深化，以及彻底的抑郁、焦虑与低自尊。

因为受害者在操纵者的控制下变得更弱更屈服，后者又更强了，并且更加确信自己的手段是有效的。操纵是情感勒索的一种形式。一旦你屈服于这种勒索，你就强化了勒索者的手段。

脱离操纵、获得自由的第一步，就是意识到你并不像你以为的那样无力。允许操纵者控制你，是你对自己施加的一种控制。如果你不再服从这样的胁迫，你就能打破操纵手段的有效性。你的服从只会强化操纵。但是，正如你很快将学到的，你的抵抗最终将削弱操纵者的能力，并且松绑那些控制你的情感纽带。

抵抗是否意味着你就会经受你所害怕的负面结果呢？胁迫性的操纵者是否会更加严苛，迫使你屈服于负强化的策略？是的，最开始操纵者很可能会拒绝接受你的抵抗，甚至增强他（她）的胁迫手段。但是，随着持续抵抗，操纵者不得不改变策略或改变目标。操纵只有在有效果时才会继续下去。

在接下来的几章，我们将会看到，屈服于操纵者的胁迫控制的受害者，心理健康会遭受多大的影响。彻底理解操纵的影响能够帮助你回答下面这些重要的问题：

1. 你允许操纵者控制自己，为此付出情感代价真的值得吗？

2. 配合操纵者的操纵，真的让你避开了更坏的结果（巨大的损失或失去获益的机会）吗？

3. 操纵带来的焦虑、抑郁、压力，以及对你自尊的伤害，是否比你极力避开的负面结果还要糟糕？

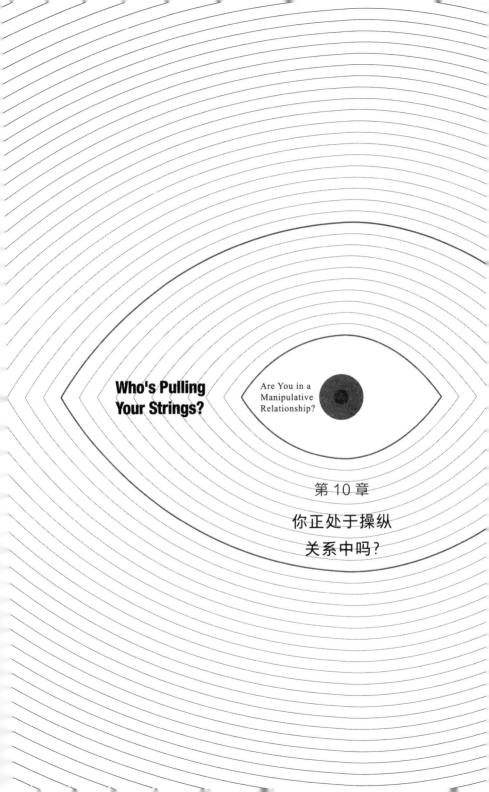

Who's Pulling Your Strings?

Are You in a Manipulative Relationship?

第 10 章

你正处于操纵

关系中吗？

**Who's Pulling
Your Strings?**  Are You in a
Manipulative
Relationship?

现在，你可能正在高度怀疑身边就有一名操纵者，甚至可能不止一个。你可能已经意识到了比较危险的人格特点和操纵者正在使用的手段与策略。你也已经深入观察了自己的性格，你的按钮和你的钩，也就是那些让你容易被操纵者利用的地方。

理想情况下，这些认知与信息已经能够帮助你在某些人将你诱入陷阱之前就远离他们。但是，现实中，你可能已经被引诱了，甚至可能正被他人以一种让你觉得不适的方式控制着。

操纵的受害者会从这种有毒的动态中发展出一套对他们自己的感觉。好消息是，你可以用自己的内在寻找线索，判断自己是否正处于一段操纵关系中。最好的检验方式，就是看看你自己对这段关系的感受与反应。

下面有一个小测试，能够帮助你检验自己是否深陷一段操纵关系之中。首先，找到你感觉相处有问题、很困难，很可能是操纵信号的人。记住，那些对于你最想要的东西

（巨大收益）和你最想避免的东西（巨大损失或恐惧）有直接影响的人，就是最有可能有效操纵你的人。他们往往是：

　　家庭成员

　　配偶或恋人

　　同事、下属，尤其是上级

　　朋友 / 社交关系

　　学术关系

　　对你来说十分重要的社会团体成员

　　专业关系

你正处于一段操纵关系之中吗？

　　（对每个对象都能够重复这一测试）

　　想想你与＿＿的关系。

　　阅读每一条描述，判断你是同意还是不同意，以及其程度。在每一条描述最后记下你的答案，也可以记在另一张纸上。

　　5= 非常同意

　　4= 基本同意

　　3= 相对同意

　　2= 基本不同意

1= 非常不同意

1. 我经常觉得我不知道如何让____高兴。

2. 我有时会疑惑，搞不清____真正想要什么。

3. 我感觉____的需求支配了这段关系。

4. 在与____关系中，我总是会觉得自己是应该被责怪的。

5. 我觉得____在这段关系中不理解我的需求。

6. 我有时候会对____感到厌恶与生气。

7. 我很少会向____表现出负面情绪。

8. 我有时候会觉得____比我自己更能控制我的感觉与行为。

9. 我有时候会觉得____在利用或压榨我的天性。

10. 我越来越对____对待我的方式感到失望与沮丧。

11. 我相信在响应对方需求方面，我比____做得要好得多。

12. 我经常会觉得在____面前我需要很小心地注意言辞。

13. 我说话做事的时候会试图不去激怒或是扰乱____。

14. 我有时会觉得____不拿我当回事。

15. 比起对____发脾气，我往往会将脾气放在心里，结果最终对自己感觉很糟糕，甚至会觉得抑郁。

16.当我想起我与＿＿＿的关系时，我意识到我对自己的感觉没有以前好了。

17.我不确定＿＿＿是否真的将我的利益放在心里了。

18.我常常会觉得我对＿＿＿的需求远远大于他（她）对我的需求。

19.我有时会觉得自己被困在与＿＿＿的关系中，无法自拔。

20.比起依靠自己的判断、承担犯错的风险来做决定，我更倾向于先看＿＿＿的意见。

21.我常常会感觉比起我对他（她）感觉与行为的控制，＿＿＿对我感觉与行为的控制要更深。

22.我常担心会让＿＿＿失望。

23.我常常会觉得，如果我不按照＿＿＿说的做，就会有不好的事情发生。

24.无论我为＿＿＿做了多少，他（她）都有办法让我觉得自己做得不够。

25.我有时会觉得＿＿＿会用他（她）的怒气、心情或情绪恐吓我。

26.我常常会觉得在与＿＿＿的关系中，我没有足够的自由做自己，或是做自己想做的事。

27.＿＿＿对于我的感觉、思维与行为有着很深的影响。

28.我觉得我没办法改变＿＿＿。

29. 即使我真的做了什么取悦 ____ 或让他（她）开心的事，这种开心也从来不会延续太长时间。

30. 我觉得看起来我比 ____ 更努力在经营这段关系。

如何给你的回答打分？

首先，将你的得分加总起来。你的总得分会在 30~150 分之间。

如何解读你的回答？

如果你的分数在 120~150 分之间，那么你很可能处在一段操纵关系中。你的分数越接近 150，这段关系给你带来的负面情感就越大。你的行为模式实际上就是在奖励操纵者，并且他（她）对你的控制会继续下去，甚至会增强。

如果你的分数在 100~119 分之间，那么你已经展现出了被操纵的信号。记住，除非受害者能够不再让这个过程继续下去，否则操纵关系很难改变。

如果你的得分低于 99 分，那么你在这段关系中就不太可能是操纵的受害者。你在这段关系中遇到的困难可能有其他原因和解释。

如果你的分数在危险的区间内，那你应该明白：操纵者基本不可能会在这段关系中第一个做出改变。操纵的矛盾性就在于，感觉最无力的那个人，也即受害者，实际上是真正有能力去改变的。

记住，操纵之所以会持续，是因为它有效。你的分数恰恰反映了这段关系中控制你的操纵手段运作得有多良好。正如我之前和之后都将提到的，改变操纵者的最有效方式，就是改变你自己的应对方法，你能够让操纵不再有效果。

你将会学到有效的抵御措施，来挫败并最终摧毁操纵者控制你的能力。你会学会"强化能力"，让自己在面对现在及未来的操纵时不再脆弱。

在我们开始讨论操纵的应对策略之前，还需要先深入理解操纵关系是什么，它又是如何影响受害者的。只有当你意识到你会变得多么不健康，你才会具备想要改变的动力。

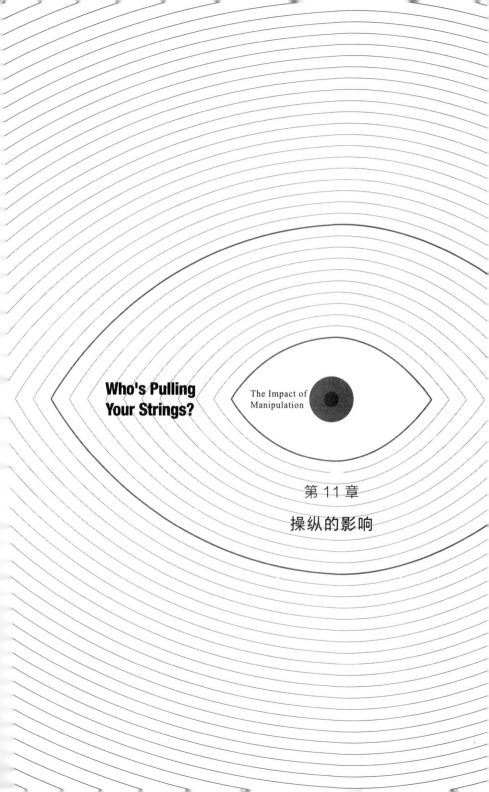

Who's Pulling Your Strings?

The Impact of Manipulation

第 11 章

操纵的影响

**Who's Pulling
Your Strings?**　●　The Impact of
Manipulation

在我实践临床心理学的这 25 年时间里，从没有见过有人来找我是希望能够停止操纵别人。而另一方面，操纵的受害者却常常会寻求心理咨询，来帮助他们处理这段给他们带来巨大失落与压力的关系。

一般来说，当受害者的抑郁强到需要寻求帮助时，操纵者的控制信号就很明显了。"蜜月期"或最开始的良性影响早就过去，操纵者开始拉紧胁迫控制的绳索。有时，受害者完全明白自己正被操纵，被困在了一个网里。然而，还有些时候，受害者对他（她）所陷入的操纵毫无知觉。

雪中足迹

不管怎样，受害者通常会抱怨，他们不知道操纵者真正的欲望和动机究竟是什么。在这段关系中，受害者常常会说他们觉得不开心、高度紧张、充满担心与焦虑。根据个人情况不同，受害者会觉得对他们自己的行为与感情完全"失去控制"，只有在某些时候才能意识到操纵者真的在控制他们。

尽管目标或受害者目前还不清楚操纵以及他（她）自己在其中扮演的角色，经验丰富的医师能够找到操纵者在受害者心理上留下的"脚印"。在这个意义上，尽管操纵者不会出现在诊疗室（虽然他之后也许会无奈地加入治疗过程），他（她）的个人身份能够通过"雪中足迹"，或更准确地说，通过受害者的心理状态被识别出来的。

默认协定

在操纵者与受害者之间，往往有彼此默认的协定，不会直接说出这段关系的"法则"。操纵者控制的某个部分就是在这段关系中能沟通和不能沟通的部分。这往往还伴随着不愿意或不能参与某段对话的心态（比如说"我现在没有谈这个的心情"或"我现在没有时间讨论这个"）。

不必开口，操纵者就能够通过完全忽视某条评论或问题、走开、挂电话或表明他（她）不接受讨论等形式来表示不悦。

默认协定很容易就能确定下来。沟通，尤其是关于这段关系中权力与控制动态的沟通，是被限制或是禁止的。对于受害者而言，即使只是提到操纵正在发生这一事实也有可能会引发冲突与正面对抗的威胁。因此沉默就这样继续下去了。

我从沮丧的病人那里听到了很多类似的故事，他们最终都觉得自己被困在操纵之墙中。然而，要让受害者意识到这段关系现在处于何种情形，还需要一段时间。

当威胁是暗示性质的，就不会有直接的回应。实际上，暗示性威胁、胁迫与恐吓的效能，正源于受害者的无能（或是看起来的无能），因为他们甚至不敢说起他们感觉正在被操纵这一事实。

只要操纵者的真实意图始终被隐藏或是模糊不清，这样的模式就会继续下去。通过控制与限制沟通，操纵者会让受害者不断累积沮丧，并最终转换成敌意。然而，如果没有表达这些负面情绪的渠道，这些感觉往往会内化，从而导致受害者的情感伤害。

操纵带来的情感重创

在第 10 章，你已经评估了自己成为操纵关系的受害者的可能性。如果你的分数处于危险区间，你很可能正在经历操纵带来的负面情绪影响。

被操纵意味着你将自己的感觉、行为甚至思维的控制权让渡给了其他人。尽管操纵关系在开始时可能具有巨大收益，但控制带来的积极性几乎毫无疑问会转化成胁迫或负面影响。一旦操纵成立，控制杠杆就会更偏向于恐惧与威胁。

回想第9章中操纵的机制，尽管负强化在控制行为方面非常有效，但它的目标是不快乐、不适应。大体上来说，负强化、惩罚与创伤型一次性尝试学习，根本上都是胁迫性的。很少有人会喜欢被胁迫的感觉。

如果操纵还包括间断强化，也就是你永远无法确定何时会出现奖励，那么受害者就会体验到非常强烈的焦虑。缺乏规律会导致高度的不确定性，而它反过来又会导致焦虑。

因此，操纵既是胁迫性的，也是令人焦虑的。它还非常容易让人沮丧，并会促发敌意与怒火。这些就是让受害者持续受到情感重创的毒性感觉。

然而，操纵关系的受害者还会发展出其他信号与症状。受害者往往感觉需要为自己心中的负面情绪与反应负责任。自我谴责变成了受害者心理的一个主要特点。

但是，更深入地了解操纵的运作方式，能够帮助你了解到，这些负面情绪是能够被理解的，甚至是不可避免的，因为它们是对操纵造成的压力与沮丧的反应。

我们来看看操纵的其他受害者会有哪些情绪反应。

对操纵者的真实动机产生疑惑

受害者对操纵者动机的疑惑，往往是操纵性控制的一个重要部分。记住，操纵者的最终目的就是毫不在意其他人，仅仅提升自己的利益，实现自己的目的。然而，一名熟练、精明的操纵者，会伪装他的真实动机。他通常会用消除警戒心或做保证的方式，比如说"你知道我只是想让你开心"或"我的心里只有你的最高利益"，或是"我站在你这一边，我在试图帮助你"。

当操纵发生在家庭 / 婚姻 / 爱情关系中，受害者的疑惑会被放大许多倍。在这样的关系中，人们总是期望爱与利他主义会胜过操纵的自私目标。你不会想到，那些说爱你的人会操纵你、压迫你，因此你可能会启动防御机制，不承认这一点，让自己逃避痛苦的认知。然而，我见过的操纵关系中最痛苦的经历，实际上都发生在家庭中。

有时候，受害者产生疑惑是因为操纵者精心伪装了自己的动机。另外一些时候，受害者的否认与恐惧让他无法意识控制自己的操纵手段。在这样的例子中，受害者在完全发现操纵对他的情感与身体健康造成的负面影响之前，往往深陷于某种操纵模式中。

比如说，在家庭关系或婚姻关系中，对于爱的期待与假设往往会蒙蔽受害者的准确认知，让他们对真实存在的操纵视而不见。"我知道我的丈夫真的很爱我，"在某次疗程中，一名经受了数年情感虐待与操纵的抑郁妻子这样对我说，"但我总是让他失望。"

这样的受害者同样反映出了操纵对自尊的腐蚀性影响。通常来看，就像这个例子一样，这些腐蚀性影响会让受害者将指责内化，并将自己看作这段关系出现问题的原因。与这一类病人打交道时，帮助他们重建自信，往往是最优先的治疗选择，甚至比帮助他们处理生活中的操纵关系还要靠前。

默认协定与隐藏意图不可避免地会让受害者对于操纵者的"真实手段"与"真实需求"产生疑惑。如果操纵者回避直接的沟通，尤其是回避关于关系中的权力与控制动态的沟通，那么被操纵者也就失去了澄清事实和释疑的最有效手段。

有些操纵会颠覆原本的权力结构，而在这样的操纵关系中往往也存在着疑惑。比如说，父母常常意识不到他们的孩子正在操纵他们；上级或老板也许很慢才能意识到实际上是他们的下属在掌握控制权。

只要操纵者利用间断强化的控制手段，疑惑、压力与焦虑就会因为强化节奏的不确定性和不规律性而增强。

最终，一定要记住，操纵者大多很擅长说谎。只要对他们有利，他们就会用说谎来伪装自己的动机。

对这段关系的失望与不满

随着操纵的不断加强，受害者往往会感觉到这段关系越来越让他失望与不满。受害者常会说，无论自己多么努力，似乎都无法让操纵者开心。

当然，根据定义，由于操纵关系是为了满足操纵者的需求，受害者会逐渐变得失望与不满，因为时日一长，被操纵者的未满足需求与日俱增。当需求没有得到满足，他们就会变得更加具有压迫性。

有些受害者想要改变这段关系却没有成功，我们能够理解他们的失望之情。如果受害者将自己的自我价值与操纵者的改变意愿联系在一起，自尊就必定会被侵蚀。比如"如果他真的爱我、珍惜我，他就会改变的"以及"如果我向她展示了自己的工作有多么出色，她就会以不同的方式对待我"。这么多年间，我从病人那里得到的典型例子都是这一类的。

从心理学角度上说，就像白天之后会有黑夜一样，沮丧失望必然会带来敌意与攻击性。即使受害者抑制自己累积的怒气，担心如果自己直接表达出来会导致负面的结果，但是这样有毒的情绪与高度敌意造成的健康受损依旧会让他痛苦。研究已经标明，持续的敌意对心血管健康有着巨大的损害，会提高中风、心脏病与动脉硬化的风险。

不平衡的权力与控制感

虽然受害者常常会对操纵者的动机与手段感到疑惑，他们也能够很清晰地感觉到这段关系中的权力与控制机制非常不对称、不平衡。他们通常都会承认，另一个人，也就是操纵者掌控着这段关系。即使是最开始没有意识到这一点的病人，也几乎本能地知道这段关系有点不正常，更准确地说是失衡。

受害者往往会发现，操纵者的需求支配了这段关系，而他们自己的需求却是无处表达、不被承认，从而无法得到满足的。

受害者的这种失衡感，反映了操纵的现实。需要重点说明的是，最开始让受害者容易被操纵的按钮，实际上都强化了操纵者具有支配地位的观点与事实。

比如说，有取悦症或对获取他人肯定上瘾的人，首先就会把别人的需求放在前面。外控型的受害者或不愿意依靠自己独立判断的人，会提前设想或创造出别人比他自己更具控制权的关系。实际上，他们的做法也是对自己的操纵。

无论受害者是否明白自己是在配合操纵者的支配，负面情绪带来的影响本质上都是一样的。除了前面提到的疑惑、失望、敌意与不满，受害者还会感觉自己受到剥削、不被理解、被贬低或被忽略。他们往往也会觉得被控制或完全失去控制。最终，他们会感到抑郁、不安、紧张、忧虑与焦虑。

低落的自信与自尊

操纵关系满足了操纵者自己的需求，却削弱了受害者的自尊。随着操纵的持续，受害者原本健康的自主意识会被逐渐侵蚀。

受害者越是屈服于操纵者的控制，他就越难将自己视为自主、独立、自信的成年人。结果导致受害者的自尊和自信在持续的操纵中不断被削弱。

尽管受害者的需求依旧被掩藏在这段关系的深处，但他在这个过程中会变得越来越依赖操纵者，或这段关系及其所代表的东西（比如说他的工作与职业发展、家庭，或是对这段关系的承诺）。

受害者低落的自尊会强化依赖性、无助感与失控感，而这些感觉组成了抑郁症的危险公式。

对操纵者的怨气与怒火

在政治史中我们常常看到，操纵、控制、剥削他人的人（尤其是不愿意分享权力的独裁者）最终会引发愤怒与反抗。然而，愤怒以战争或抗议的形式公开爆发之前，会在很长的时间内默默累积，并培育着抵抗的计划与激情，以及革命的斗士。

放在人际关系的操纵中，剥削、控制以及对自由与独立的限制是共通的。当你的自由与自主权被操纵者紧紧控制时，必定会产生失望的情绪，怒气与攻击性也会随之而生。

然而，正如革命斗士最初都以地下组织的形式进行活动，受害者的怒气最开始也是隐藏起来的。换句话说，受害者很可能会抑制自己因为被操纵的怒气，而不是直接打破默认协定，冒着与操纵者正面对抗的风险。

允许他人对你施加高度压力是最可怕的风险。现代医学压力理论之父汉斯·西利（Hans Selye）博士认为，最危险的压力是由他人所导致的压力。实际上，西利建议你应该切断自己与造成你压力的人之间的联系。

操纵者导致的有害压力的核心部分是被激起的怒火，但它却没有直接的方式能够发泄出去，至少无法对造成这样的失望与敌意的人发泄。由于缺乏直接表达的机会，受害者可能会将压力导向其他方向，并因此带来更多的有害结果。

比如说，我的一位病人将怒火转向了自身，这让她产生了自我谴责、内疚与抑郁。另一名病人则将怒气变成了危险的生理冲动，从而导致他更容易出现身体问题与疾病。而对于你，你可能会将脾气转移到其他关系中（与操纵者之外的关系），将压抑的怒火变成烦躁、没耐心、过度苛责等其他坏脾气。

圈套与受害者思维

正如我们看到的，操纵关系会在很多方面给受害者带来压力。无论原因为何，每日与高强度的有害压力为伍，结果就是助长了压力不断延续的恶性循环。

由于其胁迫性与无规律性，操纵会带来焦虑与抑郁等压力。压力会扭曲受害者的认知、思维与判断。尤其是压力杜绝了受害者寻求其他方法、找到出口以及改变现状的能力。受害者只能看到两种行为方法：要么我按照他想要的做，要么我就要面对无法容忍的糟糕结果。

受害者感觉被某种操纵模式困住了，他们看不到逃脱的方法。实际上，受害者只能看到自己被困在操纵关系中，这是因为他自己的负面思维困住了他。负面思维扭曲与放大了结果的负面性。

此外，受害者也被困在自己扮演的受害者形象中。受害者觉得自己就是受害者，对于那些将受害者身份纳入自我意识的人来说，受害者思维是一种有害的思维与行为模式。

而且你将自己视为受害者也会给你的情感带来有害影响。

受害者思维的心理表现包括无助感、被动感和失控感；悲观主义与负面思维；强烈的内疚感、羞愧感、自责与抑郁。这种思维方式可能会导致失望、绝望，甚至会让受害者放弃在未来做出改变，努力变得更好的可能。

简而言之，操纵会损害受害者的心理健康，因为它导致并且延续了受害者作为受害者的感觉与认知。你越觉得自己是个受害者，你就越会觉得自己无法逃脱这个有毒的模式。你顺从操纵者的要求与需求时间越长，你就越会觉得自己被困在操纵者的控制之网中。

操纵延续下去的方式还有一条。还记得你在第 2 章与第 4 章中了解到的让你容易被操纵的七个按钮吗？简单来说，它们包括：

1. 取悦他人的习惯与心态

2. 对获得肯定上瘾

3. 害怕怒气、冲突与正面对抗，并且想要避开它们

4. 无法坚决地拒绝

5. 消失的自我：模糊的个人身份与不清晰的个人边界

6. 低自信

7. 外控型人格：一个人相信，在他（她）身上发

生的事，更多的是由于别人的控制或外部因素（比如说运气），而非他（她）自己

这些特殊的需求与人格特点让你很自然地就会变成操纵者的目标。而且，很可能你也已经意识到了，如果你成了操纵关系中的受害者，这些按钮很可能还会发展成最终的结果。

它的意味很清楚：当你持续作为操纵关系的受害者，你在感情上就会更加脆弱，就会在现在与未来更容易被操纵关系所控制。

逃脱操纵：相信你自己

作为一名受害者，你可能已经有了惨痛的教训，操纵会削弱你的自主意识、激发你的恐惧以及让你的思维方式走向负面。要重新掌控自己的生活，逃脱这一操纵模式，你就需要依赖你自己，而这正是操纵者极力避免的。

这需要努力与决心。只要你还在取悦操纵者，想要获得他的肯定，不惜一切代价想要避免怒火与正面对抗，你的自我信赖意识就始终会受到伤害。而这正是操纵者想要的结果。如果你不相信自己，你很可能会继续被操纵者控制。操纵者希望你变得无力，变得去依附他。操纵者想要

你继续去做他希望的事。

但是，阅读完本书，你能发现一个非常不一样的自我，一个想要推翻或改变有害操纵，重获自尊与主动权的自我。你想要消除压力、焦虑、抑郁这些被受害者思维引发与延续的负面情绪。

在长期的无力感之后，你怎样开始相信自我？信任，是信仰上的一次飞跃。你必须实现它，决定相信自己，因为你就是改变的主角。

只要操纵始终有效，无论你是否用顺从或抵抗来强化操纵者的手段，操纵者都没有动力，也不需要改变这段关系的运作模式。但你有。

现在你知道，不改变自己，就会促使操纵者更加牢固地控制你。你甚至还会引来更多的操纵者。你已经意识到了现在忍受的压力给你的心理与生理健康以及其他关系带来了多大的负面伤害。

但是你现在还不知道如何改变自己。本书剩下的部分就是教会你逃脱控制的方法。从这一刻起，将你自己作为一名前受害者，一个曾经被操纵过的人。

从现在开始，你接受的培训会让你成为强硬的战士，对抗生命中的操纵者。你是为自己的个人自由、心理与身体健康以及你的自尊与人格完整而战。

大胆进发，翻开下一页。

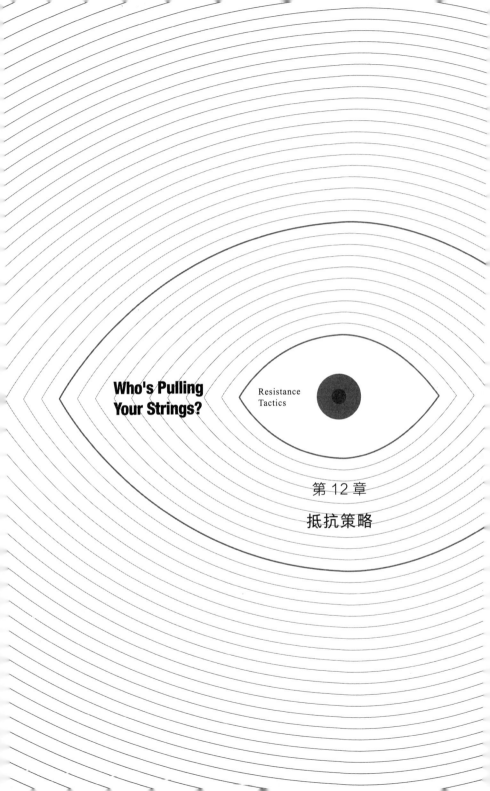

**Who's Pulling
Your Strings?**

Resistance
Tactics

第 12 章

抵抗策略

**Who's Pulling
Your Strings?**

Resistance
Tactics

操纵者会入侵你几乎所有的私人领域。如果你是（或曾经是）操纵者的目标，你就会惨痛地意识到，顺从操纵者的控制只会让你陷得更深。

　　只要操纵开始运作，你对操纵者意愿的每一次屈服，都是在强化操纵。没有反抗，操纵者将践踏、限制你的自由、自主权、人格完整，甚至是你的自尊。

　　操纵中那些阴险的本性会给受害者带来无助、失控与需要依赖于他人的感觉。你必须准确地将这些负面的情绪独立出来，意识到它们是感觉，而非事实。

　　事实上，在操纵关系中，即使你是被盯上的目标，你也并非毫无力量。下面讨论的这些方法将帮助你打破并最终摧毁操纵者控制你的能力。这些措施将会告诉你有效反对操纵者控制的手段与方法。

　　别想着如何直接地改变一名操纵者，这不由你控制。那些厌倦了操纵者圈套的人总会犯这个错误，省省力气吧，这是没有用的。你要做的是着眼于改变自己，这是你能力范围内可以做到的。永远记住，操纵存在的原因是它有效果。因此，阻止操纵者最有力的手段，就是改变你的应对方式，让操纵者的手段不再有效。

你一直都有能力抵抗住压力，阻挠操纵者实现其目标与意图。现在是时候结束你与操纵者的"共谋"了。

抵抗或离开，这是个问题

陷在一段操纵性关系之中，你的首要目的就是不再扮演一名顺从的受害者，不再因此服从于欺骗、胁迫或不公平的控制手段，不再给自己带来压力。要实现这一目标，有两个方式：（1）抵抗，（2）脱离（完全离开这段关系）。这两种方式都是你能够施加于操纵者的反控制手段。

抵 抗

抵抗策略就像是黏性糖浆，能够让操纵机制慢下来、给操纵机制制造问题，并且最终使它彻底停滞。如果一开始碰上坚决的抵抗，操纵者首先会加大操纵的强度。然而，如果你面对增加的压力依然不屈服（之后你会学到如何抵御压力），操纵者就只有两条路可走：要么适应你的变化，从而将关系调整为更健康、更尊重、更平衡的形式；要么选择去操纵其他更脆弱的目标，因为脆弱的目标更好控制。

当你能够成功抵抗住操纵压力，你就能够重建这段关系中的权力平衡。你必须意识到，权力平衡的变化必然会改变这段关系以及参与者的行为。别害怕这种改变。

因为是你主动改变，并且立场坚决，操纵者只能选择适应你的主动，或困在已经没有效果的策略中，至少在对待和你的关系时只能如此。你必须着眼于自己想要的奖励：通过继续坚决地"保障一致策略"，使以前的操纵手段再也无法有效地控制你，你就能够重获自由、自主权、自尊与人格完整。这无疑是一场值得斗争，并终将胜利的战斗。

但是，记住，这对你来说也许是一段可怕的时期。即使你的抵抗策略成功地让其他人给予了更健康，不再具有操纵性的反应，这也将会是一段很难适应的时期。任何关系根本上的运作机制如果出现变化（即使改变的方向是好的），适应时期也会有些艰难。要相信，这样的艰难最终能够带来更加健康与平衡的独立。

现实中，抵抗在使用时有很多限制。如果抵抗措施没能改变操纵者的行为怎么办？有些操纵关系实在太根深蒂固，太不健康，太难以改变了。而且许多操纵型人格，尤其是前面所说的那样，有着人格障碍的人，根本就不会也不愿意改变。

对于这样的人，操纵别人就是他们的行为方式：无法改变的运行方式。当你运用有效的抵抗措施应对胁迫与压力，争取独立自主时，操纵者的反应很可能是改变目标，然后继续操纵。如果你不愿意玩这个游戏，那么操纵者就会去寻找另一个愿意的目标。

记住，操纵者使用操纵手段，是因为这些手段有效果。不要助纣为虐。

脱　离

在考虑再三后，你可能会觉得对你来说最好也最健康的方式，就是彻底从操纵关系中抽身而出。操纵带来的情感伤害可能已经无法修复。无论是否重塑，这段关系都不值得你去抵抗修正了。

在这样的例子中，脱离，或是从这段关系中抽身而出，就是最有效的抵抗。斩断一段关系（即使它是一段不健康的关系）总是会带来悲伤与其他痛苦的感情。但是，如果这段关系始终要求你做一名顺从的受害者，那么结束这段关系，导致的痛苦就会大大降低。很明显，一段要求你放弃自尊、自由与人格完整的关系，并不符合你的个人利益。无论情感纽带如何，无论是家庭、朋友、老板还是爱人，始终陷在一段要求你服从操纵的关系中，对你来说都是无益的。

比起离开或失去这段关系，继续留在这段关系中，还会导致更糟糕的结果。在操纵的迷雾中彻底失去自我，失去你的自我认知、你的价值观、你的需求以及你的信仰，这才是真正致命的灾难。为了这段看似能够带来虚无安全感的关系，继续做操纵的受害者，削弱你的人格完整，失去你的自尊，这样的代价实在是太大了。

最后，还有一点很重要，你不想被操纵的意愿可能会让你失去这段关系，你会优先选择什么？

小规模努力

如果操纵关系或操纵者不配合你的行为改变，或是这段关系根本就不值得你维系，脱离很可能是结束被操纵的最好方式。

但是，在另外一些操纵关系中，你的反控制能力会受环境所限。在某些环境中，比如说亲戚关系，血缘纽带十分紧密而复杂；或工作关系，你的生计和未来职业发展会受到影响，脱离就不太可行了，至少在短期内是不可行的。

当你不可能脱离这段关系，而操纵者的性格又不可能出现很大改变时，你就需要将自己的抵抗方式集中在小规模努力上。在这样的环境中，你的自主权与自尊会慢慢恢复，以一小步一小步的节奏，用安静的抗议方式实现一个又一个小小的胜利。如果彻底脱离这段关系不太可能，或是说不太合适，你摆脱操纵关系重获自由的路途可能会被推迟甚至重新定义。但是你可以按照自己的节奏来做。

我的一位病人和她的母亲正处于一段恶性循环的操纵关系中。她与母亲所有的沟通都以失败告终。我的这位病人是一名成年人，有着三个孩子，但她的母亲却一直以对待孩子的方式来对待或是说操纵她。在这个例子中，完全的脱离是不可能的。但是，通过学习与应用关键的抵抗技巧，我的病人能够重新定义这段关系，从而使得操纵（虽然她母亲依旧试图操纵她）在大部分时间都是无效的。使用我之后将会讲到的抵抗策略，我的病人打乱了她母亲操纵她的意图，并使操纵变得无效。母亲仍然试图操纵她的女儿，有时候她女儿也会选择顺从，但每一次操纵都比之前要困难了。不久，操纵的频率就慢下来了，虽然操纵还没有完全消失。但我的病人已经重新定义了这段关系以及她母亲的操纵，将它限制在自己的容忍范围内。

抵抗操纵的关键七步

现在，是时候学习抵抗策略来反控制了。在着手改变你的思维方式，并最终改变导致操纵恶性循环的负面感觉之前，你要先改变你的行为。

正如你将看到的，这些步骤是渐进的，而且是相辅相成的。你在对操纵者进行反控制时利用的步骤越多，抵抗就越有力。但每一个步骤都有自己的效力，而且仅仅采取其中一种抵抗方式就足以增强你的自我控制感，减轻你作为受害者的感觉与无助感。记住，当你开始采取措施让操纵不再有效，你就会将自己的压力施加在操纵者身上，让他们不得不改变策略或寻求另一个操纵目标来取代你。无论是哪种方式，你都会变得更健康、更快乐。

某些步骤对于特定的关系或环境来说可能不太合适。这需要你自己决定。重点是，你有可行的方法用来打断操纵，而非只能屈服或强化操纵的毒性模式。

步骤 1：缓兵之计

操纵者会通过不同的方式向你施加压力，让你按照他的想法行事。他们可能会通过生气、叫喊、点名、摔门以及其他激进的欺凌手段来向你施加压力。他们也可能会选择消极的方式，比如说生闷气、唠叨、哭泣、沉默以对、忽视或其他安静的方式。

你可能都已经习惯于很快甚至是立刻服从于这些要求，以此逃避操纵者的压力手段。或者说你在操纵者使用这些手段之前，就会先屈服，因为这些手段会给你带来伤害或不适的体验，并且你已经通过负强化，习得了当你放弃抵抗，按照操纵者的意图去做时，这样的痛苦立刻就会消退

（叫喊会停止，冷暴力会结束）。

问题在于，当你这样做时，不只是你的服从行为被强化了，操纵者的施压手段也被强化了，因为你屈服于他想让你做的事。这样的情况产生了持续的权力失衡，而这正是操纵者想要的。

抵抗的第一步是打破这一模式，并且用抵抗来重塑这段关系的权力平衡。你可以在操纵者提出要求和自己做出反应之间空出一段时间。只要你学会留出时间来思考自己的选择，你的自我控制感就能立刻增强。当你能够让操纵者按照自己的时间表行事而非操纵者的，你就能够夺回力量。

你可能已经形成了自动服从或顺从操纵者要求的坏习惯，会想都不想就直接对操纵者说"好"。你需要打破这个习惯，最好的方式就是在操纵者表达出他的要求之后，给自己留出一点时间，用于思考。

使用电话沟通，很容易就能实现短时间的喘息。如果操纵者（或潜在的操纵者）在电话里要求你去做某事或去某地，你应该给出这样的反应：

"你可能需要在线上稍等一会儿。不好意思／谢谢。"

"我可能需要你稍等片刻。谢谢。"

"我可能需要暂时离开一会儿。不好意思。"

"我会在几分钟之后给你打回去。谢谢。"

注意你并不是在请求他们的许可。你是在告诉操纵者你将会离开一小会儿。这样的短暂时间让你可以准备之后的回应，这也就是缓兵之计（见以下内容）。

面对面的场合则需要举止更得体一些，但你仍然需要给自己一点时间来打破自动顺从的习惯。给自己几分钟的时间，就能够打破立刻说"是"的习惯或是接受自己不愿做的事的习惯。只要能脱离操纵的情景，即使只是几分钟的时间，也和让打电话的人等一会儿的效果是一样的。

在操纵者提出要求之后，你做出回应之前，给自己几分钟，去上个厕所、打个紧急的电话、从车里或办公室里拿个东西、倒一杯咖啡或水，或是做一些任何你能想到的事，只要能让你离开操纵者和他的要求几分钟时间。

无论你是让打电话的人稍等，还是离开面对面的场景，你的目的是让自己有喘息的时间。用鼻子深吸气，再从嘴里呼出来，做 20 次深呼吸。不要呼吸得太快，你的目的是让自己冷静下来，着眼于下一步行动，也就是拖延时间。

下面是一些能够拖延操纵者要求的样本回答：

"我需要一些时间来思考你刚刚说的话。一旦想清楚了我就会来找你。"

"这件事需要详细的思考，所以我还需要一点时间来考虑，我会尽快告知你结果。"

"我没有办法现在就给你答复。我需要思考一下。我会尽快告诉你。"

"我现在没有立场回答这个问题，一旦我有了，我会告诉你。"

"这是一个重要的问题，我需要花一些时间思考。当然，想好之后我会告诉你。"

你应该记下这些句子，并且至少复制两份，一份贴在电话上，一份放在钱包里。这样，你就能在喘息的时间里回顾这些句子。

你可以活用这些答复，也可以增加一些符合你风格的句子。关键点就在于，你在告诉操纵者，你没有遵循他的时间表。同样，你也不是在请求他的允许。请求也许会显得比较有礼貌，但是这样做只会让你将权力与控制拱手让给操纵者。你的目的是重塑权力平衡，让它更平等。

重要的是，在说出这些话时，你应该是平静温和的。你需要在镜子前大声练习这些句子。在你开始实践之前，给自己几秒钟专注于这一念头："在我承诺帮助任何人做任何事之前，我有权力先进行思考。"

在说每句话时，都保持怡人的微笑，这样能够帮助你始终保持坚定但愉悦的语调。每句话至少念五遍，每天重复练习三次，直到你的声音听起来笃定、直接而自信。记住，你不是在请求别人给你更多时间，你是在知会别人你需要花一些时间来思考，然后再做出回应。所以不要在每句话结尾都用升调，弄得像在提问似的。

当你练习过所有这些句子之后，选择至少两句你觉得最合适的。把它们背下来。不断在镜子前大声读出来，如果可能的话，让一名能够给你力量的朋友或医师参与这一过程。你练习的次数越多，真正向操纵者说出这些话时就会越简单。

当你第一次在操纵者面前实践拖延时间，讲出这些句子时，即使没有达到完美的冷静与坚定也不要紧。在现实情况中，你很可能会觉得焦虑，甚至害怕。不要在意这些情绪，随自己的节奏说出这些句子。将注意力放在说出的句子上，完成自己的抵抗行为。

在这个阶段，不要担心你的内心想法。感觉到不舒服很正常，因为你正在改变一种根深蒂固的模式，正在面对给你的生活带来巨大困难和压力的人。最重要的是，不要让你的感觉驱使你的行为。这正是你一直以来的习惯，你一直因为那些令人不快的操纵手段所带来的恐吓、恐惧与压力，而选择顺从操纵者的需求。

现在，你已经知道了，当你表现顺从时，操纵者给你的喘息时间永远是短暂的。很快，他（她）就会制造出相同的不适，让你服从于他（她）的另一个要求。

只有你自己能够打破这样的恶性循环。你必须下定决心，改变自己的行为，从顺从走向抵抗，割裂已经形成的负强化联系。正如你很快将学到的，除了向操纵性压力屈服，还有其他更多能够改变负面情绪的有效且长期的办法。

相信这一事实：当你的行为改变，你的感觉也将改变。但你必须先从行动做起，然后你的心就会跟上。随着你不断抵抗操纵，你的负面情绪最终会转变成快乐，甚至是轻松感、有力感，以及重获自由感。

步骤 2：坏掉的唱片

自然地，操纵者可能会反对你拖延时间的行为。毕竟，你正和一名精通施压与胁迫的大师打交道。但是，因为是你在控制着这样的反对或挑战，你就能够在不解释、不放弃的情况下做好应对的准备。

关键的一点是，你不要和操纵者说明你为什么需要时间思考，你要思考什么，也不要说明你究竟何时才会做出回应并按照操纵者想要的方式去做。一旦你陷入了这一沼泽，你又会失去控制权。

操纵者必然会表示反对，因为他希望你自动顺从，但是你却没有按照他设想的情况做出回应。但是，你需要某些回应方式，因为操纵者很可能会利用压力手段来强迫你顺从。

你将要用到的回应技巧被称为"坏掉的唱片"。这是坚守立场的一个简单却有力的方法。它有两个组成要素：

1. 说明你听到并且理解了操纵者的意思，准确地讲出他所表达的情感或感觉。

2. 像是坏掉的唱片一样，重复你用来拖延时间的那些句子。

就是这样。你不要（也不应该！）解释、询问或讨论任何具体内容。记住，如果你开始说太多话，你就会失去控制权。抵抗，就是这个游戏的主题，无论你的感觉是怎样的，都不要就你的角色进行辩论或争吵。

但你心里要记住，你是完全有权力陈述自己想要在行动前先思考。操纵者可能已经控制了你很长时间，但你不是一个木偶。你是一个有自我意识的人类，并且你现在已经决定要剪断操纵你的线。

坏掉的唱片听起来就是这样的。下面这个故事实际上来自我的一位病人。她有一位好友，一直在操纵她，让她女儿的学校组织慈善活动，而她成功地运用了这个方法来抵抗操纵。这个例子就展现出两个基本要素是如何组合在一起，成功避开顺从的压力的。

操纵者："你的组织能力太出色了，我决定让你来组织整个活动了。"

目标（我的病人）："你可能需要稍等一会儿。不好意思。"（给自己一点时间，快速回顾拖延时间的手段。）

目标：（回到电话对话中。）"谢谢等待。你知道我需要一些时间来考虑一下。我想好了会告诉你的。"

操纵者：（听起来难以置信似的。）"思考什么？你是在告诉我你不会组织这个活动吗？"

目标："我知道你会觉得惊讶（承认操纵者表现出来的感情），但我需要考虑一下，我之后会找你的。"

操纵者："好吧，我不会等太久。实际上，也没多少时间了，这也是我想让你来组织的原因。我现在就需要一个答复。"（听起来已经被激怒了。）

目标："我知道你现在很焦虑，但是我需要一些时间考虑，考虑好了我会找你的。"

操纵者：（已经生气了，声音也抬高了。）"你就和平时一样不可理喻。我真的很需要你的帮助，而你就这样冷淡地对待我。你究竟怎么了？你到底需要考虑什么？我想要知道！"

目标：（深呼吸冷静下来）"我知道你现在很失望，但我要之后才能给你答复。"

操纵者：（已经是在喊叫了。）"你就打算一直说这些重复的鬼东西吗?"

目标:"我知道现在你很生气,但我确实需要一些时间考虑。"

操纵者:(沉默了。)"好吧。你为什么就是不做呢。之后找我的时候告诉我你会组织这个活动。说再多也没有意义了。再见。"

目标:"再见。"

正如这个案例所体现的一样,这一方法对于那些坚定的操纵者也很有效。在对话的最后,我们注意到,目标没有因为让操纵者生气而向她道歉。她也没有回应操纵者的任何问题。她只是先尽可能准确地描述了操纵者的情绪("我知道你现在的感觉");然后她就像坏掉的唱片一样重复拖延时间的那些句子。

练习这一方法的最佳方式,就是你自己写脚本。你会发现,写下那些在你的生活中可能会出现的脚本,能够帮助你做好准备,并且提高你的控制能力。通过预测操纵者会说些什么(你有能力做出预测,因为你已经和她打过很多次交道了),你就能够做好回应的准备。

你可以向支持你的朋友、家人或医师寻求帮助,让他们与你一起练习角色扮演。你可以利用你写好的脚本,也可以和你的同伴即兴创作,让你的同伴扮演操纵者。你不断练习，使用这一方式抵抗操纵性压力的次数越多，在正式实践之前的准备就做得越充分。

在练习过程中，从你的同伴那里获取反馈，了解你的姿势、眼神接触、声音的平稳度、音量与音调以及整体的表现。努力让你表现得有力、有自信。不要担心你内心的想法，现在你的目标是提升自己的表现，让自己能够为了实现抵抗目标而表演得像一个自信的人。

练习、排练以及角色扮演，用这些手段来锻炼抵抗行为还有一个好处。让自己暴露在练习环境中，你就能够适应和真正的操纵者接触时可能会产生的压力。练习的情境越真实，适应与减轻压力的效果就会越好。

然而，你不应该期望练习能够消除所有的紧张。这样做不仅不现实，还会产生反作用。你的练习让你能够在与操纵者进行直接对话时更好地应对随之而来的紧张情绪。实际上，心理研究表明，一定程度（不太高也不太低）的紧张情绪能够让人表现得更好。

理想状况下，练习让你能够做好准备。与此同时，适应的效果让你不至于过于紧张而无法有效地思考与说话。通过练习，你能够更好地衡量对你来说合适的边界在哪里。

步骤 3：降低自己对焦虑、恐惧与内疚的敏感程度

要有效地抵抗操纵，你必须学会容忍某些让人非常不

舒服的情绪。到目前为止，你负面情绪的导火索都太短了。结果就是，当操纵者点燃了你的焦虑、恐惧或内疚之后，它很快，有时甚至是立刻，就会蔓延开来，从而催发了强化操纵循环的屈服与顺从。

你接下来将学到的脱敏技巧，能够帮助你忍受一些负面情绪，让你不会像之前的老习惯那样，向操纵者的需求屈服。

首先，让我们给名词下个定义。焦虑是一种没有客体的恐惧。这意味着焦虑更多的是一种抽象的、广而泛之的恐惧。和直接的恐惧不同，焦虑并不与某个特定的结果相连。当你觉得焦虑时，你可能是在担心许多不同的事。对一件事的担心会引发连锁反应，从而导致极大的焦虑。焦虑会让你觉得格外紧张，有压力，却没有具体的焦点。

操纵者会通过触碰你的安全感按钮或激发你的自我怀疑来触发你的焦虑。焦虑的等级会随着不确定性提高。操纵者会用模糊不清的语言来描绘未来可能会发生（或不会发生）的事，引发受害者的焦虑。能伤害你自尊的负面反馈与批评，将你与别人放在一起做微妙而恶意对比，这些都是操纵者喜欢的手段，而它们都会增长你的焦虑。

恐惧则与具体的结果相关。操纵者通过唤起目标的恐惧，来恐吓他们服从于自己的需求。操纵者使用的恐惧一般包括：

对否定的恐惧

对抛弃的恐惧

对生气的恐惧

对冲突与正面对抗的恐惧

对改变或犯错的恐惧

对拒绝的恐惧

对被孤立的恐惧

恐惧和焦虑都很容易形成习惯。这意味着操纵者让你感觉到这些负面情绪之后，即使当他不是在刻意激发这些情绪，你也会因为他的存在而觉得恐惧或焦虑。

内疚，是一种人类特有的情感。它源于对他人感情或经历的过度责任感。如果你很脆弱，或很容易感到内疚，熟练的操纵者就会乘虚而入，利用你的这一脆弱点，让你走上顺从之路。

操纵者会向你表露出自己有多不快乐，从而让你觉得他的不开心都是你的责任。操纵者可能会哭，会生闷气，会面露不悦，或扮演受害者、殉道者的角色。他可能会抱怨自己因为压力而产生的痛苦与问题，而你需要为此负责，因为你做了（或没做）某些事，让他失望了。某个特定的表情（比如说看起来很受伤）或特定的语调变化都可能会引发内疚感。

如果你是一名取悦他人者，仅仅是考虑拒绝别人请求，都可能会感到内疚。一旦操纵者找到你的情感热键，他就能轻而易举地通过你的内疚感控制你。操纵者甚至什么都不用做，你已经都为他做好了一切。

生活中的操纵者也许会使用一两种或所有这三种负面情绪来恐吓你、胁迫你、控制你。无论他们如何利用焦虑、恐惧与内疚，你在面对自己的负面感情时的做法都是有缺陷的。简单来说，你无法忍受这些负面情绪，因此你会将它们看作需要立刻消除，或至少尽快制止的东西。

当你感到焦虑、恐惧或内疚，你的反应机制会自动调整到紧急状态，就像是三起火警突然爆发一样。操纵者仅仅将消防水带递给你，指给你的却是顺从他需求的方向。但是，你所感受到的急迫感，来源于操纵者给你的压力与你对负面情绪的过度反应，紧急状态并不真的存在。

要抵抗操纵，你就需要改变自己应对负面情绪的反应。事实是，即使你没有立刻安抚操纵者带给你的焦虑、恐惧与内疚，你也不会就此自我毁灭。这些情绪肯定会让你觉得不舒服，但这样的不舒服是能够容忍的。实际上，你越是让自己长时间暴露在这些负面情绪中，这种不适感就越可能会减少。心理学家将这种现象称为习惯化。

但是，要习惯你的恐惧、焦虑或内疚，让它们的强度降低，你就必须抑制自己穿过白门，获取暂时舒缓的冲动。记住，如果你每一次应对恐惧、焦虑或内疚的方法是顺从操纵者的要求，你就是在强化操纵的循环。

随着你训练自己忍受不适感，从而在行为上做出积极、健康的改变，你的容忍度也会提高。面对操纵者制造的负面情绪时，不再恐慌或过度反应，而是将它们重新定义成为了实现建设性的改变必须付出也值得付出的代价。

改变自己的反应，让自己在应对负面情绪时不再恐慌、忙乱，还有另一个原因。紧急状况会造成一种被称为情感推理的思维误区。它发生在你将负面情绪与某些坏事正在发生或将要发生的思维混淆在一起的时候。负面的感觉越强烈，它对你的思维方式产生的影响就可能越大。

比如说，你虽然害怕操纵者的怒火，但是这件事并不一定意味着真的会发生什么致命的结果。操纵者很可能最终会消除他的怒火，而你也能够容忍自己的恐惧，尤其是在下面这些脱敏手段的帮助下。你因为没有立刻满足家庭中操纵者的需求而导致的内疚感，并不一定就会导致你们之间的关系被彻底摧毁，也不意味着你会失去他们的爱。

当你应对负面情绪时，降低紧急程度，或降低这些情绪的强度，都能够有效矫正强化操纵循环的情感推理。

你并不仅仅是靠自己的意志力来改变你应对恐惧、焦虑与内疚的反应。相反，你会因为脱敏这一有力的心理学技巧而获益。它是这样的：

脱敏的基本原则是你在感觉害怕、焦虑或内疚时，不可能会同时觉得放松。你肯定会同意这一点，它在表面上看来完全符合逻辑。然而，当你回忆起操纵者给你带来的强烈负面情绪之时，你可以通过行为调节，用深呼吸让自己调整到放松的状态。

要实现调节，你需要回想一下操纵者的行为给你带来的恐惧、焦虑或内疚，从而被迫服从操纵者需求的场景，至少回忆三个场景，多多益善。使用你脑中的鲜活记忆。写下每一个例子，尤其注意描述让你觉得不适的操纵者的语言与行为。同时，也尽可能细致地形容你自己的恐惧、焦虑与内疚。

然后，将这些描述念出来，用一台录音机把这三个例子都录下来。当然，加上更多润色或修饰会更好。只有你自己可以听这些录音。这样做的目的是重塑焦虑、恐惧或内疚的经历。

你可以将脱敏的要素这样组合在一起：躺在一张舒服的床或沙发上，将准备好的播放器放在身边。首先鼻子深深吸气，然后等上一到两秒，再从嘴巴完全把气呼出去。持续缓慢、有节奏地呼吸。很多人都发现，这样的深呼吸可以帮助他们想起海浪冲上海滩又退去的过程。

当你呼吸时，将注意力放在你的胳膊与腿上。你在深呼吸的时候专注于这个念头："我的胳膊和腿正变得温暖而沉重。"让身体慢慢陷入柔软的床铺或沙发时，注意你的四肢究竟感觉有多沉重。

完成两到三分钟的放松呼吸之后，就可以准备打开播放器了。听第一段录音时，保持深呼吸，继续放松身体，在心里清晰地再现正在描述的场景。你要一边聆听自己描述的这些负面情绪反应，一边将你自己放置在那个场景，试图体验到相同的感觉。

现在，脱敏的关键就在于尽可能地保持身体放松，与此同时，再现那些让你产生负面情绪的场景。在让自己重新感到焦虑、恐惧与内疚的同时，关注自己是如何通过深呼吸与身体放松控制自己的感觉的。

在第一段录音结束之后，关上播放器。牢牢记住重现的场景。尝试真正感觉你记忆中留存的那些负面情绪。再次注意你的呼吸节奏。现在对自己说："我可能会觉得焦虑、害怕或内疚，但是我能忍受它们。我很好。"继续深呼吸，让你的四肢觉得沉重、温暖。

播放另外两段录音时，继续这样的练习。每一次，都注意让自己深呼吸、肌肉放松，你就能够应对恐惧、焦虑或内疚带来的不适。

　　结合放松与场景重现，用这一方法至少每天练习两次，并持续一周到两周的时间。随着你的每一次练习，你都能更容易地实现将负面情绪与身体放松的结合。你的脱敏工作越熟练，在真正将它应用于抵抗策略时就会越有效果。

　　在操纵的实际设定中，脱敏是一种安静但有力的抵抗方式。当操纵者通过施加压力的方式，试图唤起那些你现在已经很熟悉的焦虑、恐惧与内疚感，你会立刻反应过来："我现在觉得害怕（或是焦虑、内疚），但是我能够容忍它。我很好。"随着你通过深呼吸练习让自己的呼吸有了规律的节奏，你还能够回想起放松的感觉。

　　抵抗，就来自你不去做的事：你不会再急匆匆地去顺从操纵者的需求，因为你急切地想要安抚坏情绪的习惯已经被打破了。你能够忍受那些强度会降低的负面情绪，因为你进行了脱敏训练，并且你已经实践了自然的习惯化过程。

步骤 4：给操纵贴标签

　　只要你与操纵者之间的默认协定没有改变，操纵的权力也不会发生改变。然而，当你能够清晰、直接地将这段关系定义为操纵，打破这一"共谋"，揭露出被隐藏起来的议题，权力平衡就会重新开始偏向你这一边。

　　这一抵抗的核心，是你能够用直接的语言准确地说出操纵者究竟在做什么。大声将操纵形容出来，你就迈出了一大步，开始扰乱并最终阻止操纵。直接、清晰的沟通（尤其是当这段沟通是关于操纵本身时），就像对吸血鬼直接举起十字架。大多数操纵者都会因为被"戳破"而选择退缩，他们施加的压力瞬间就会干瘪下去了，就如同被戳破的气球一样。

如果你准备直接在操纵者面前给他贴上操纵标签，你需要一些准备与练习。首先，从最近的记忆中选择一个例子。你也可以选择脱敏疗法中出现的例子，或其他任何操纵者通过胁迫手段让你服从他的例子。

分析操纵的最佳方式就是运用我教给病人的"ABCD公式"。这一模型将会帮助你找到操纵者使用的手段与你的感觉之间的联系。重要的是，它能指出现行操纵手段的替代方法。

回想一下你被操纵的一次经历，完成下面这些句子：

（行为 A）"当你做（描述操纵者让你觉得不高兴、受伤或不适的行为），

（感情 B）我感觉（说明你的感觉）。

（可以替代的行为 C）如果你可以停止（行为 A），并且（描述另一种非操纵性的行为），

（感情 D）我就会觉得（说明你希望的情绪）。"

下面这个例子来自我的病人，她有一位操纵欲十分强的丈夫。她说的是：

（A）"当你抬高声音对我吼叫时，

（B）我觉得很害怕，很焦虑。

（C）如果你能够停止吼叫，用冷静的声音说出你的需求，

（D）我会感觉被尊重、被珍惜。"

让一位支持你的朋友或医师帮助你完成角色扮演。设定好场景，请一位同伴像操纵者那样行动。让同伴按照操纵者惯常的方式做事或说话。然后，你就可以演练给操纵贴标签来进行抵抗的方法了。

利用 ABCD 模型，列出操纵行为、你的反应、更好的取代方式和随之的新反应。尤其注意对情感的描述。通过使用"我感觉（感情）"而非"你让我感觉（感情）"，你就是在为自己的情绪负责任，而非指责操纵者。尽管你可能会觉得实际上操纵者的确要为你的坏情绪负责，但为自己的感觉指责他人其实是操纵者的风格，而不是你的。我们推荐的方式会更有效果。

练习让你的声音低沉有力。坚持 ABCD 模型。你不需要再解释或说些什么。记住，这一步仅仅是给操纵贴上

标签。

你需要学会最后一句话来完成这一步。回到行为 A，然后以直接但不激动的方式说："我理解做出（行为 A）是你自己的选择。现在你知道，当你做（行为 A）的时候我是什么感觉了。"

从某个意义上说，这一句结束语是对操纵者的"疑罪从无"。如果你没有向操纵者解释过你的情感反应，也许他并不知道他的行为对你有怎样的影响，这一句陈述能让以往的借口都失去效用。

一旦你给操纵贴上标签，并且告知操纵者你的感受，球就被传回到了他那里。现在，如果操纵者的行为继续下去，你就能够判断，他的意图就是让你感受到那些驱使你屈服的不适情绪。

当你进行了足够的练习之后，下一次你就能够在操纵者运用施压手段时准备好用贴标签这种方式抵抗。你也就为下一步抵抗做好了准备。

步骤 5：让操纵失效

步骤 5 是你迈向自由的关键。你可以用一种安静的方式告诉操纵者，他们的手段不再能够让他们实现自己的目的了。

回忆你最近几次经历的例子。找出一个操纵者在你身上寻求的特定目的。操纵者想让你做什么？说什么？如果你无法定义一个固定的目的，可以看得更宽泛一些（见下）。利用操纵者的目的来完成下面这个句子："我知道你想要我（操纵者的目标）"或是"我知道你想要我做你希望的（不固定的大类）"。

现在看看下面这个列表，圈出操纵者为了实现她的目的会使用的手段。如果有其他手段，还可以增加。

沉默以对

叫喊 / 尖叫 / 抬高声音

咒骂

点名

摔门

握拳

生气的面部表情

大笑

哭泣

生闷气

面露不悦

批评

叹气

忽视

威胁

负面的预期

为了让操纵失效，你需要向操纵者说明你知道他的目的，而他为了私利使用的操纵性手段是不会有用的。

这一抵抗手段就像是这样的：

> "我知道你想让我替你做这件工作，但你的威胁是不会有用的。"

> "我知道你想让我明天和你一起去，但对我冷暴力、忽略我是不会让我就范的。"

> "我知道你想要我做你希望的事，但是你的怒气、咒骂和捶桌对我来说不会再有用了。"

最好的练习方式是将步骤 4 与步骤 5 结合起来，这就像一套组合拳。你会告诉操纵者，你现在知道他究竟在做什么，以及更重要的是，你对于他的手段是什么样的反应。然后你会告知操纵者，尽管你知道他想要什么，但曾经的手段已经再也无法让你屈服了。

步骤 6：设置你的条款

随着你实践这些抵抗手段，你会感觉到自我的重现。

通过重塑权力平衡，有效地阻止操纵者的胁迫手段，你就能够建立起新的个人边界。

这一步抵抗措施，能够让这些边界变得清晰。正是在这一步，你会直接、清晰地告诉操纵者，你再也不愿意被操纵了。这一步的要素包括：

1. 宣布你想自己做决定，在有关你自己和其他人（包括操纵者）的需求与利益的关系中，你愿意和不愿意做什么。

2. 告诉操纵者，你想被如何对待——比如说，你需要尊重，需要作为人的价值与完整，需要被当作成年人或平等的人来看待。直截了当地说你不会允许自己被伤害。

3. 建立清晰的边界与限制。说明你不再能接受操纵手段（比如说，不能有冷暴力，不能故意引发内疚感，不能恐吓，不能威胁说要抛弃）。不接受威胁的方式。就是澄清你不会再参与任何包含这些越界手段的对话。

4. 要求操纵者承认你也有自己的需求、价值与意见，有自己的行为偏好。尽管可能会和他（她）的不一样，但它们不是坏的，也不是错的。

5. 告诉操纵者，你相信设定边界、重塑个人完整性，有助于你们提升这段关系的整体质量。

你自然需要练习这些陈述，最理想的方法也是角色扮演。直接地说出每一点，不修饰、也不解释。这就是你自己的解放宣言。

当然，操纵者也不太可能会顺从地回答一句"哦，好啊"。但是，如果你已经使用了之前所提到的抵抗策略，操纵者就不会真的因此感到惊讶。从某种意义上说，你只是在直接地告诉他，你正在展现你新发现的力量，来抵抗操纵性控制。

做这些陈述可能会让你觉得十分焦虑。不要让你的焦虑逼退你。继续这样被操纵者控制，失去自我，失去自己的价值、独立性与完整性才是真正会让你更焦虑与恐惧的东西。

你能预料到的还有这么做的副作用。最开始，操纵者的应对方式是将压力与胁迫提高好几个等级。而你绝不能屈服。不断使用抵抗手段，一遍遍强调你的诉求。如果他开始接纳一段更健康、更快乐的关系，那也是因为你的力量，而不是你的弱点。

你也要面对这一可能，就是操纵者只希望按照自己的方式继续这段关系。并且你最好现在就开始做好准备面对这一可能。从现实意义上讲，你的诉求变成了测试这段关系的价值的试纸。如果你发现操纵者维持这段关系的唯一目的就是继续他的操纵与剥削，那你就必须痛下决心了。抽身而出也许是最好也最健康的选择。

即使操纵者表现出改变的意愿，你也不应该期望这段关系会在一夜之间就实现自我矫正。操纵者需要时间来学习新的行为方式，以及表达需求的更好方法。但是，你的耐心、坚持与决心会带来新的希望。

步骤 7：妥协与协商

尽管操纵者使用的手段从来没有妥协与协商的空间，但为了实现你的需求与偏好，理应有更加健康的"付出与收获"的模式。正如你所想到的，一名冷酷的操纵者只关心他自己的兴趣与利益。操纵者不会主动地考虑你的需求与渴望。

但是，如果操纵者已经准备好适应，接受你们之间的关系朝健康的方向转变，那么你们双方的利益也就有了同时实现的可能。最后一步抵抗策略会向你展示用妥协与协商来解决冲突的基本模型。

我在这里使用冲突这个词，指的并不是争吵或正面对抗，尽管没有处理好的冲突的确会升级为争吵和正面对抗。在这个语境中，冲突仅仅意味着你和（曾经的）操纵者在涉及你们俩的事情或在需要你们进行合作时，有不一样的倾向与需求。

鉴于操纵者现在已经不能够再做出单方面的要求，向你施加压力强迫你服从了，这就要求有新的、更具建设性的方式。以下就是在面对利益、偏好、价值冲突时，进行协商、共同找出解决方法的基本步骤：

1. 以清晰、确定的方式形容另一个人目前的立场："我知道你想要／喜欢／倾向于＿＿＿。"

2. 确定你理解他人的立场。在必要时请他澄清。

3. 以清晰、确定的方式说明你的立场与偏好："我更喜欢／倾向于＿＿＿。"

4. 允许彼此通过直接的问答来确定彼此的立场，尤其是了解彼此对于替代方法的态度与对这一问题重要性的等级排序。

5. 将（曾经的）操纵者纳入需求妥协的队伍中来："是否还有我们都能够接受的第三条路？我们来想想吧。"

6. 让（曾经的）操纵者进行公平但随机地选择："因为我们无法达成一致意见，让我们来丢硬币吧。谁赢听谁的。"

7. 或是与（曾经的）操纵者进行交换或轮流做主的方法："如果你为我做＿＿＿，我就会为你做＿＿＿"或是"这一次听我的，下一次听你的（或是相反）"。

这里的关键点，在于妥协与协商是有可能的。

最后的这一步抵抗策略，实际上就是对操纵的完全取代。你新定义的关系拒绝操纵手段。当彼此都能够倾听与理解，当他们解决问题的方法能够为双方都带来利益，而非只有一方是至高无上，操纵循环就结束了。

这些年来，我的许多病人来找我时，都深陷于棘手的操纵关系中。他们中的很多人都成功让曾经的操纵者做出了妥协。但是，他们首先学会了如何选择战斗。

选择你的战斗

前面讲到的策略能够帮助你展开全面的抵抗，结束操纵，重掌生活的控制权。但是，你必须小心明智地挑选你的战斗。

有选择地使用这些步骤，评估操纵者的反应。有一些操纵关系确实改变了，变得更积极、更健康。但是可悲的是，其他一些，甚至是大部分操纵关系都没有发生改变。你可以将这些策略视为一种测试，来观察你所处的操纵关系是否有转变的弹性与可能。

你清楚自己所处关系的情况与复杂性。是留是走，是抵抗还是屈服，是满足于削弱伤害与提升环境还是进行全方位的复原与改变，有很多因素会影响你的决定。

比如说，如果你在工作中被操纵了，你也许就需要小规模的抵抗，小心翼翼地选择能够帮助你寻找自我、同时保住工作与生计的手段组合。你也许永远不会用正面对抗的方式面对控制欲强且不可理喻的老板。然而，以小小的努力夺回控制权，并且尝试去寻找新的工作环境，都能够削弱你现在的压力，并且让你在逐渐安全地将自由计划付诸行动时留有自尊。

或是说你也可能会像我之前的病人那样，以自我革新来取代微小的每一步。他是洛杉矶一家大型公关公司的副总裁。他收入很高，但工作环境让他很不快乐，而这基本都是因为他的老板。当他第一次来见我时，他没有将自己负面的工作体验认定为他被操纵了，但是逐渐地，他开始看清，他老板操纵式的工作风格以及缺乏职场伦理的行为对他产生了影响。一天早上，他从车库乘坐电梯去办公室，一名身穿制服、在楼梯守岗的警卫看着他说："我还没见过比你看上去更不开心的人。"这句评论来自一个完全的陌生人！我的病人坐电梯到了 31 层的办公室，立马开始列计划脱离这个痛苦的工作环境。两周之后，他走进了总裁办公室，说出了他的计划。在他做出决定的那一刻，他感觉好多了，辞职更是让他觉得彻底放松了。他从没后悔过这个决定。

无论你是采取小规模抵抗，还是选择自我革新，现在你已经清楚，如果你不做任何改变、允许自己继续做一个受害者，操纵就会给你的心理与生理健康带来巨大的伤害。你现在已经有能力脱离让你不快乐的操纵控制。你知道如何抵抗，选择什么样的方式、什么时候进行、与谁在一起，这些都可以由你自己决定。

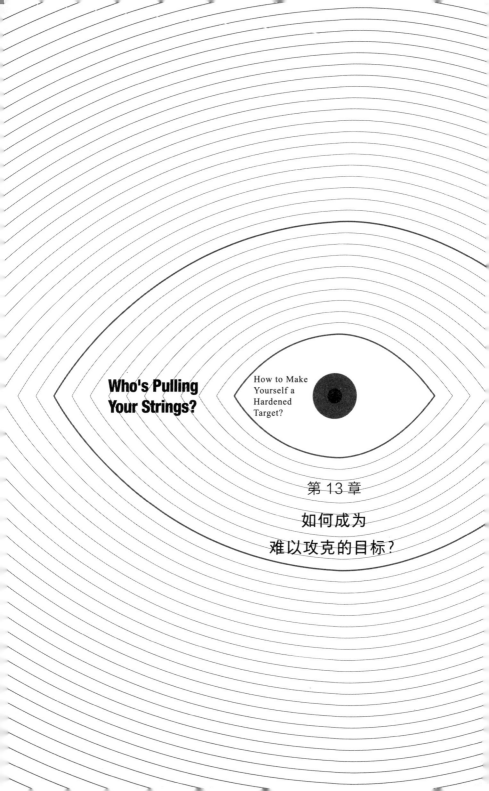

Who's Pulling Your Strings?

How to Make Yourself a Hardened Target?

第 13 章

如何成为
难以攻克的目标？

Who's Pulling Your Strings?

How to Make
Yourself a
Hardened
Target?

通过阅读本书前面的部分，你知道了某些错误的思维方式（尤其是关于你自己在一段关系中的情况）会让你十分容易被操纵者盯上。在第2章，你已经测量了自己的脆弱程度，并且清楚了对于潜在操纵者而言，你是否是一个容易得手的目标。

你也知道了成为操纵的受害者，也会发展出脆弱点。允许其他人来控制你，会让你变得不自信，不再将自己视为自己生活的主角。结果就是，你的自尊降低了，你的自我意识模糊了，你对核心自我的内在关注也变得模糊起来。

如果你有取悦他人的倾向、对肯定上瘾、恐惧他人的怒气症，或是有自信问题，这些按钮就反复会被操纵者利用，从而让操纵更加根深蒂固。

简而言之，让你成为软柿子的脆弱点，就是被操纵的起因，也是陷入一段或多段操纵关系的结果。

只要你开始实施抵抗策略，你就迈出了让自己脱离操纵性控制的第一步。通过改变自己的行为，你已经开始纠正让你容易成为目标的想法与认知。

现在，是时候向那些思维定式发起直接攻击了，这样你就能将自己变成难以攻克的目标，而不是轻而易举就能拿下的目标。操纵关系给你带来的艰难与痛苦的经历，是你做出改变的最大动力。你比任何时候都更清楚，继续这样的思维方式只会将你引入又一个操纵陷阱，而这对于你的心理与生理健康都是极大的伤害。

要实现感知与行为发生更深远、更具建设性的改变，你就需要改变思维方式。从心理学角度上看，你的思维方式、行为和感觉以一种脆弱的平衡联结在一起。如果其中一部分与其他部分不协调，你就会觉得十分不舒服。形容这种不平衡的术语来就是认知失调。我们可以将这种不平衡看作三项心理元素（思维方式、行为与感觉）中的任意两种发生了冲突。

认知失调会冲击我们的心智，因此我们一般都不喜欢做一套，思考或感觉的却是另一套。如果发生这种情况，我们会觉得虚假、不真实或疑惑混乱。这种失调或不适的感觉会驱使我们去重新排列、尽力去使它们和谐相容，用这些方法来使系统恢复平衡。

当我们被操纵，脆弱的思维方式会引发受害者行为，负面情绪也会随之而来。而使用抵抗策略，就在用杠杆调整你的想法与感觉。换言之，让自己的行为不再屈服于操纵者，你开始引导自己的思维与感觉向非受害者、更健康的方向转变。记住这条告诫：改变你的行为，你的心（比如说你的想法与感觉）也会跟着改变。

以相同的方式纠正自己错误的思维与认知，也会对行为与情绪产生有益的影响。因此，像一个难以攻克的目标那样思考，你也会变得难以攻克。

你已经尝到了操纵的苦涩。现在，你已经准备好接受认知疗法的良药。这种方法已经被证实，能够有效纠正那些驱使人屈服于操纵者的错误思维方式。

清除你意念中的病毒

自我挫败的思维与认知方式让你在面对操纵时格外脆弱，它们就像病毒，感染了你的意念。要清除这些病毒，在操纵者面前表现得更加强硬，你需要遵循以下三条基本步骤：

1. 书写下你"无意识的"、没有修饰过、没有约束过的想法。

2. 扫描你的思维库，找到所有让你容易被操纵的认知与态度。

3. 以修正过的强硬诉求来取代每一条软弱的想法，或者说病毒。

认知疗法教会你要站在检视者的角度来看待自己的思维流。心理学家经过长期研究发现，仅仅让病人写下他们"无意识的"或没有修饰过的想法，就能够启动改变的过程。这是因为写下自己的想法极大地增强了你对心理活动的意识程度。

以敏锐的眼睛观察造成你软弱的那些思维错误，你就会发现错误的想法是如何将你变成了操纵者的合作者的。最终，通过更健康、更能保护自我的想法取代错误的想法，你就能够更好地控制由思维创造的心态与感情。当然，最重要的是你会让自己成为一个操纵者难以攻克的目标。

将你的想法记在笔记中

为了消除你意识中的病毒，你需要定期从思维中提取样本。你拥有越多思维方式的样本，你让自己变得强硬的努力就会越有效。

你应该着眼于生活中最困难或问题最多的关系。任何让你有不舒服或不开心的接触与场景，都值得记录下来。你的情绪触发器可能会包括焦虑、恐惧、内疚、义务、疑惑、悲伤、怒气、失望或任何给你带来负面感觉的经历。当然，每一次感觉被操纵时，你都应该记录下来。

试着在事件发生之后尽快写下自己的想法。你也许有好几个小时都无法记笔记，因此立刻做一些速记能够帮助你回忆起当时的感觉。

你的笔记应该包括日期、时间以及对所发生情况或问题的简要描述，同时再加上对感觉的描述。关键是下一步：你必须像做听写一样，按照心中的想法，直接写在笔记本里。

你必须记录下你"无意识的"想法，对这些自然出现在你的思维中的内容不做任何编辑、修饰或改变。记录下你对于这一情况的想法、你与其他人的关系，以及你的情绪反应。

因为你是在寻找那些让你容易被操纵的软弱想法，因此你应该利用下面这 7 个情绪按钮（或脆弱领域）作为提示或线索。写下你关于这些话题的想法：

你取悦他人的习惯与心态

你对于肯定与接纳的需求；以及你逃避拒绝、批评与抛弃的需求

你对于怒气、冲突与正面对抗的恐惧与回避

你无法拒绝别人

你模糊的自我意识

你对自己的信赖程度很低

你的外控型人格——你倾向于认为其他人需要为你身上发生的事负责

如何识别软柿子思维？

阅读你的笔记寻找错误思维之前，你需要花一点时间做一些家庭作业。家庭作业是认知疗法的一个重要部分。

你的任务是学会识别软柿子思维，并且理解它为何，又如何让你容易被操纵。为了帮助你，我已经在 7 个脆弱领域都提供了一些软柿子思维的例子。

我提供的软柿子案例并不包括所有的情况，也没法囊括每一个人独特或精准的想法。当然，那也不现实。这些例子是为了让你对自我挫败思维的风格、类型和内容有一个比较好的认识，因为正是它为操纵者打开了一扇门。

我建议你大声念出每一个例子。询问自己是否在自己的思维流中意识到了这种类型的思维模式（尽管措辞与表达上会有所不同）。如果你直觉上同意任何一条论述，你就找到了思维方式中的一个错误。（回过头看看你在第 2 章测试中的答案。在这 40 个"软柿子"描述中，你选择的肯定回答有多少个，你的总分就是多少。）

你在阅读下面分类中列举的软柿子案例时，试着设想操纵者的立场观点。这样的思维方式究竟哪里吸引了操纵者的注意力与兴趣？操纵者会如何利用这一思维模式来达成他们的利益与目的？他们又会怎样利用你的按钮？

取悦他人的习惯与心态

这种思维模式，以及它所催发与支持的行为模式，被自我认为的"我应该如何"所污染与扭曲。如果你有取悦他人的认知习惯，你的自尊就会与你为他人做了多少以及你在多大程度上取悦了他人这样的事联系在一起。结果就是你为了照顾到所有人的需求，自己做出了牺牲。你为了自己做好人需要付出代价，其他人会利用你想要取悦他们的意愿操纵与剥削你。

下面我们列举一些例子说明取悦他人的思维让你变成操纵者眼中的软柿子：

取悦他人应该：

1. 我应该永远去做别人想要、期望、需要我做的事。

2. 我应该永远将别人的需求放在最前面。

3. 我应该永远去取悦他人，让他们开心。

4. 我应该从不拒绝那些需要我的人，或让他们失望。

5. 即使我内心很生气、很沮丧，我也应该表现得很友善。

6. 其他人应该喜欢与接纳我，因为我很努力地去取悦他们。

7. 其他人应该感激我、爱我，因为我为他们做了很多好事。

8. 其他人永远不应该拒绝或批评我，因为我总是在努力满足他们的期望。

9. 其他人不应该对我生气，因为我愿意不惜一切代价避免与他们发生冲突与对抗。

10. 其他人应该对我友善、照顾我，因为我也是这样对待他们的。

待人友善的需求：

1. 我为自己是一个好人觉得骄傲。

2. 我相信我应该一直做个好人，即使这意味着别人能够利用我的善良天性。

3. 通过待人友善，我试图让其他人都喜欢我。

4. 我希望所有人都把我看成好人。

5. 做好人的需求通常会让我不去向他人表达出负面的情绪。

将他人放在最前面：

1. 我永远在试图满足他人的需求，即使这让我牺牲自己的需求与渴望。

2. 如果我不再将别人的需求放在我的前面，我就会是一个自私的人，其他人会不喜欢我。

3. 如果我没有将其他人的需求视为最重要的，我会觉得内疚。

4. 我在一段关系中付出的要远大于我得到的。

5. 我通常会觉得别人对我的期望太高了，但我一直在努力不让他们失望。

你的行为造就你：

1. 我相信我的价值取决于我为别人做的事。

2. 我很少会将任务分配给其他人。

3. 我相信其他人喜欢我是因为我为他们做的事。

4. 如果我不帮助周边的人，我就会觉得自己是一个自私的坏人。

5. 我觉得我需要通过取悦他人的方式来证明自己。

对肯定上瘾

重视其他人的肯定，尤其是那些你所爱与尊敬的人的肯定，并没有错，也没什么不健康的。但是，当你想要获得每个人的肯定，当别人的肯定变成了你情感维系的必需品，你就走到了危险的境地。

如果你是一名肯定上瘾者，你的行为就像其他上瘾者一样容易操纵和控制。操纵者需要做的，就是先给予你渴求的肯定，然后威胁你，如果你不顺从，他就会不再肯定你。

下面列举了一些肯定上瘾者的认知：

1. 对我来说，被每个人喜爱非常非常重要。
2. 我永远都需要来自他人的肯定。
3. 当有人批评我时，我会变得非常低落。
4. 我需要其他人的肯定才能真正觉得开心。
5. 我的自尊很大程度上取决于别人对我的看法。

对怒气、冲突与正面对抗的恐惧

当你暴露了按钮，操纵者利用恐吓手段引发你的恐惧就能很容易地控制你。操纵者知道你为了避免怒气、冲突与正面对抗会选择顺从。

下面是一些这个领域的软柿子思维：

1. 我愿意不惜一切代价避免正面对抗。
2. 我相信冲突不会带来任何好的结果。
3. 我相信如果在这段关系中表现出怒气与冲突，

就会导致坏的或破坏性的结果。

4. 我很容易就会被其他人表现出来的怒气与敌意吓到。

5. 我相信当其他人对我生气时，通常都是我的错。

缺乏自信与说"不"的能力

如果你无法拒绝他人的需求与要求，那么你简直就是操纵者的活靶子。说"不"会让你觉得内疚或自私，因为你将它等同于让别人失望。或是你害怕说"不"会激起他人的怒火，从而导致冲突。因此，多年的一味接纳，你已经让其他人清楚了你就是会服从，并且给操纵者留了一扇大敞的门。

以下是一些这个领域的软柿子思维：

1. 即使是在我想要拒绝时，我也会对别人说"好"。

2. 当我说"不"时，我会觉得内疚。

3. 我担心如果我拒绝他们，他们会对我生气。

4. 我常常会觉得紧张而疲惫，因为我接受了太多人的需求。

5. 对我来说，拒绝一位朋友、家庭成员或是同事非常困难。

对自我的模糊意识

对自我没有清晰的意识——不知道从哪里开始到哪里结束，不确定要满足谁的需求，也不清楚自己最核心的价值观是什么，这些弱点会强化操纵。从一方面看，缺乏清晰的自我意识会让你十分容易在操纵关系中成为被支配与操纵的一方。而当你变成其他人权力游戏的掌中之物，你的自我意识又会变得更加薄弱、更加模糊。

下面是一些模糊自我思维的例子：

1. 我觉得很难不考虑他人对我的看法，也很难在这样的情况下描述出我究竟是一个怎样的人。

2. 我对自我没有清晰的认识。

3. 我不确定自己在满足他人需求、让他们开心之外，还有没有别的强烈需求。

4. 有时候我感觉自己是个隐形人。

5. 我常常感觉自己的个性是由别人的信仰、特点与价值观所塑造的。

低自我依赖性

这一脆弱点往往和模糊的自我同时出现。如果你的自我意识没有了焦点，那么你依赖自己判断的能力也会被损害。如果你无法依靠自己的判断与价值观来引导你的决策，那么你就必然会倾向于依靠别人的判断与指引。如果你不能成为自己的可靠咨询师，那么你很容易就会被操纵者盯上。

低自我依赖性的软柿子思维就像是这样：

1. 自己做决定会让我觉得有不安全感、很焦虑。

2. 比起依赖我自己，我更倾向于依赖别人的意见与判断。

3. 如果没有别人的建议，我就无法做出决定，无论大小。

4. 我常常会迷失在我得到的所有关于如何经营人生的反馈中。

5. 我不相信自己的判断。

外控型人格

如果你相信发生在你身上的事（或没有发生的事），更多是因为你自己的控制而非他人，那么你就是内控型的人。内控型的人相信，控制事情发生的主要力量，掌握在自己手中。

如果你相信其他人比你自己拥有更大的影响与控制，你就会很容易被他们影响和操纵。随着你逐渐成为操纵的受害者，你被外部力量控制的感觉又会得到延续与强化。

以下是一些外控型人格的软柿子思维：

1. 我相信自己身上发生的大部分事情都是因为其他人而非我自己的控制。

2. 我相信比起我自己的行为，我身上发生的事基本都是因为运气、机会和其他人的好意。

3. 我觉得我没法做什么来规避或是最小化负面事件的发生。

4. 我感觉自己对于生命中的大部分事情都无能为力。

5. 在我与他人的关系中，我觉得他们比我更有控制力。

找出你的软柿子思维

现在你已经做好准备去审视自己的思维过程，发现软柿子思维。小心地检查笔记里的每一条记录。用有颜色的笔，画出每一条包含了软柿子观点或想法的句子。记住，重要的是想法包含的内容，而非具体的措辞。

在另一张纸上，把你找到的错误思维列个表。在列出每一句话的时候，注明这一软柿子思维反映的是哪个脆弱领域（比如说取悦他人、低自我依赖性、对肯定上瘾等）。

用强硬的信念来纠正软柿子思维

要将自己变成难以攻克的目标，让操纵者知难而退，你就需要用更健康、更能保护自己的思维来取代错误的思维。为了能够在制止操纵者时有坚定的心态，你的强硬思维就必须是准确、合适与可信的。如果你不信任自己的新思维，别人也不会相信。

对你自己的力量与权力做出连你自己都不相信的夸大描述，会让这一道保护你的防线像纸牌屋一样脆弱。仅仅将软柿子思维替换成没有实际支撑的乐观空话，是不会起任何作用的。

但是，当你用现实、健康的思维方式来修复与武装自己的心时，它就会对操纵者起到有效的威慑作用。大部分操纵者都会找最容易下手的目标。你纠正过的强硬信念会筑起一道抵御之墙，让操纵者觉得难以下手。

我的一位同事将操纵比作机会性感染——它们会传染给抵抗力最差的目标。如果你的新思维能够让你从软柿子变成难以攻克的目标，操纵者很可能就会跳过你，选择更容易上手的受害者。

为了帮助你形成强硬的信念，我将针对所有脆弱的领域，为你提供了一些例子。在每个部分开头的"调试指南"，我将帮助你清理意念，形成更健康的心态。

如何纠正"取悦他人应该这样做"的思维？

调试指南：当思维被"应该"这个词污染，它就会变得固定、僵化与极端。另一方面，合适的思维则是有弹性、适度与平衡的。取悦他人的这些"应该"，是胁迫与控制性的。说出你自己的偏好与喜好则要合适得多。试着在你的新思维中使用"选择"这个词。并且软化"一直"与"从不"这种词，让自己的思维不那么极端。

你施加给自己的"应该"是僵化的，而且基本不可能实现。它们不会让你快乐，只会让你觉得不足、失望或生气，也会让你容易被操纵者盯上。

下面是一些错误的软柿子思维以及纠正它们、让你变得强硬的建议方法：

软柿子思维："我应该一直做别人想要、需要或期望我去做的事。"

纠正过的强硬思维："当我愿意时，我会选择去满足对我来说很重要的人的想法、需求与期望。"

软柿子思维："我应该一直取悦他人，让他们开心。"

纠正过的强硬思维："我知道我不可能同时取悦所有人、让每个人开心。给自己设置不可能完成的任务只会让我觉得不满足与不快乐。"

软柿子思维："其他人应该感激我、爱我，因为我为他们做了很多好事。"

纠正过的强硬思维："我希望其他人是因为我这个人，而不是我为他们做的事而爱我。当我选择为他人做好事时，我希望他们能够感谢我的努力。"

软柿子思维："其他人应该一直喜欢我、肯定我，因为我很努力地去取悦他们。"

纠正过的强硬思维："我知道让所有人都喜欢我、肯定我，既不现实也不可能。我会希望我喜欢与尊敬的人回馈我的感情，但我所需要的最重要的肯定，是我自己的。"

如何纠正"我必须做好人"的需求？

调试指南：如果你需要妥协，改变自己之所以成为自己的价值观、需求或个性，才能做一个好人，那么代价也太高了。友善待人并不总是能让你免于其他人不友善的对待。你没有义务奖励那些对你很坏或试图操纵与剥削你的人，也没有义务假装一切都很好。有时候，不做好人也是可以的。

软柿子思维："我为自己是一个好人而骄傲。"

纠正过的强硬思维："我为自己是一个真诚、诚实、真挚、有原则、努力、独立（或是其他人格特征而非单方面好）的人而骄傲。"

软柿子思维："友善待人常常让我不会向他人表露负面情绪。"

纠正过的强硬思维："我会意识到，有时直接说出心里的真实想法会更好，即使会有负面的情绪，也比闷在心里，导致抑郁、焦虑或不健康要强。"

软柿子思维："我相信我应该一直友善待人，即使这意味着允许其他人来操纵我或利用我的善良天性。"

纠正过的强硬思维："我不应该允许任何人操纵我。因为想要友善待人，而允许别人继续利用我，既不健康，也不诚实。"

如何纠正"优先满足他人"的思维？

调试指南：如果你总是将他人的需求放在你自己的前面，没能好好照顾自己的需求，那么很可能最终你会无法照顾到那些对你来说最重要的人的需求。在满足他人需求的同时也照顾你自己的需求，这是完全可能的。自私与争取自身利益有着很大的不同。后者是一个健康、人人都有的目标。

如果你没能告诉身边的人，你也有自己的需求，他们也有责任像你满足他们的需求那样满足你的需求（在适度的基础上），你就很可能会被看作容易被操纵的人。一味给予不求回报并不总是好事。实际上，最健康的关系总是有付出、有收获。你错误地认为你必须永远有限满足他人的需求，这会让你非常容易被剥削、胁迫与操纵。

　　软柿子思维："即使需要牺牲我自己的需求与渴望，我也应该始终满足他人的需求。"

　　纠正过的强硬思维："如果我继续这样牺牲自己满足他人，我最终只会觉得紧张、筋疲力尽与厌烦。"

　　软柿子思维："如果我不把别人的需求放在优先位置，我就是一个自私的人，其他人就不喜欢我。"

　　纠正过的强硬思维："一味优先别人的需求并不会让我成为一个更好的人，只会让我成为操纵者的目标。我必须在照顾自己的需求与我所在乎的人的需求之间寻求到一个平衡。"

　　软柿子思维："如果我没有将其他人的需求看得比我自己的重要，我就会觉得内疚。"

　　纠正过的强硬思维："我没有责任满足每个人的需求。既然我没有这个责任，那么我也没理由内疚。利用我的内疚是操纵者的伎俩。"

如何纠正"你做的事决定了你是谁"的思维？

　　调试指南：通过你为他人付出多少来衡量你的自我价

值、定义你的个性,这样的认知非常容易被操纵者利用。
健康的关系是平衡且独立的。他人也需要为你服务。在你
与他人的关系中,揽下满足他人需求的责任,只会将你自
己埋葬在压力之中。

你想要通过自己一个人(不分配给他人,也没有足够
的支持)做更多的事,来建立自我价值的想法是极度错误
的。实际上,在这样错误的思维所支撑的剥削与操纵关系
之下,你的自尊只会被降低与削弱。

软柿子思维:"我相信我的价值取决于我为他人做
的事。"

纠正过的强硬思维:"我作为人的价值,远不只是
我为他人做的事。我很享受为他人服务,但如果有人
为我服务,我也会很感谢他们。实际上,当别人利用
我的善良操纵与剥削我时,我的自尊十分受挫。"

软柿子思维:"我相信其他人喜欢我,都是因为我
为他们做的事。"

纠正过的强硬思维:"我希望别人会为我付出的努
力感谢我,但我不希望他们喜欢我是因为我为他们做
了很多,或是从不拒绝他们,因为我并不是每次都能
帮助他们。我希望他们喜欢我是因为我的品质,而不
是因为我容易被剥削与操纵。"

软柿子思维："我很少会将工作分配给别人。我觉得最好还是靠自己做事，而不是依靠别人来帮助我。"

纠正过的强硬思维："我没办法一个人做所有事。试图去这样做就已经是失控，而非掌控的表现。如果事情总是到我这里就不被分摊下去，那么我就让自己变成了操纵者的目标。学会分配任务，学会拒绝，不仅对于有效的压力管理很关键，对于保护自己免受操纵也很关键。"

如何纠正"对肯定上瘾"的思维？

调试指南：对于你来说，一直获取所有人的肯定，是不可能的。因此你也不必强迫自己去做不可能的事。获得他人的肯定（尤其是那些你喜欢与尊敬的人的肯定）可能会让你感觉很好，但是你并不需要他人的肯定来佐证你生而为人的价值。

最重要、最有效、影响最深远的肯定，是你对自己的肯定。如果你为了获取操纵者的肯定，而放弃自己的人格完整与主权，将它们拱手让给操纵者，你就付出了过于高昂的代价。

软柿子思维："对我来说，被每个人喜爱是非常非常重要的事。"

纠正过的强硬思维："每个人都喜欢我、肯定我，这是不可能的。毕竟，我自己也没有喜欢与肯定所有人。获取我所爱与所尊敬的人的认可，会更现实，也更容易实现。"

软柿子思维："我需要他人对我的肯定才能感觉到自己的价值与快乐。"

纠正过的强硬思维："我也许很喜欢获取他人的肯定与接纳，但是我并不需要它们来让我感到完整、快乐或有价值。我对于价值与满足感的理解，更多的是取决于我是否认同自己的生活方式，而非他人虚幻的肯定。"

软柿子思维："当其他人批评或否定我时，我很难忍受。这让我觉得自己没有价值、被拒绝了，像个失败者。"

纠正过的强硬思维："我不应该害怕与躲避他人的批评与否定。我的害怕让我太容易被操纵了。我知道，建设性的批评意见其实会帮助我进步，但我因为过于担心失败，根本没能好好去听。当其他人在批评我做的事时，他们并不总是在拒绝或否定我这个人。"

如何纠正"恐惧怒气、冲突与正面对抗"的思维？

调试指南：你对怒气、冲突与正面对抗的恐惧，会让操纵者通过（暗示或明示的）威胁与恐吓来控制你。诚实、真实、健康的关系能够容纳适度怒气。对于怒气的长期压抑对于这段关系与你自己的健康都是有害的。

人与人之间，尤其是亲密关系中，某种程度的冲突是不可避免的。实际上，冲突本身可能不是关系出现问题的表现，对冲突的长期规避才是。建设性的冲突能够让你们得到有效的解决措施，从而避免未来出现同样的冲突。

你对负面情绪的恐惧，在你用顺从、屈服、抑制或否认的手段逃避它们时被强化。积累经验，学会以建设性的方式合理应对怒气、冲突与对抗，你就能够大大降低自己面对操纵的脆弱程度。

软柿子思维："我觉得冲突不会带来什么好东西。"

纠正过的强硬思维："冲突有时能帮助我们增进沟通，建立对彼此的信任，形成新的协议来清除背后的根源问题。"

软柿子思维："我愿意不惜一切代价避免正面对抗。"

纠正过的强硬思维："尽管我确实不喜欢正面冲突，但是我不会为了逃避它而选择向操纵屈服。"

软柿子思维："别人展现出的怒气与敌意很容易吓到我。"

纠正过的强硬思维："尽管在别人展示怒气与敌意

时，我会觉得有些焦虑和害怕。但是利用怒气与敌意强迫我去做我不想做的事，是不会成功的。如果别人生气，那不是我的错。也许我不喜欢焦虑与恐惧的感觉，但我能容忍它们。让自己被操纵，那种感觉要糟得多。"

如何纠正"缺乏自信、无法说不"的思维？

调试指南：清晰有效地说"不"，是你应对操纵的第一条防线。除了保护你免受操纵，它对于避免压力、精力消耗与抑郁十分关键。你需要在某些时候对某些人说"不"，让你能有精力服务那些对你来说真正重要的人。

如果你在拒绝的时候觉得内疚，那么你的思维就被"应该"这个词所传染了，它会让你屈从于所有人对你的要求。纠正思维，就需要有选择性地说"不"，来保护自己的心理与生理健康，重新掌控自己的时间与精力。

你作为人的价值，并不取决于你为他人所做的事。在某些时候对某些人说"不"，尤其是对操纵者说"不"，并不会削弱你在他人眼中的价值。实际上，你新发现的自信会强化你的价值。

软柿子思维："我担心如果我拒绝别人的要求，别人会对我生气。"

纠正过的强硬思维："我不可能对每个要求都说'好'。我有权力拒绝，有权力选择将宝贵的时间与精力在何时分配给谁。我会将我的拒绝以尊重但肯定的方式表达出来。如果其他人要对我生气，那是他（她）自己的选择。"

软柿子思维："对于我来说，要拒绝朋友、家庭成员或同事的要求十分困难。"

纠正过的强硬思维："我之所以很难拒绝别人，是因为我没有练习过拒绝别人的方法。但是，随着我说'不'的经验越来越多，这就不那么困难了。"

软柿子思维："当我说'不'时，我会觉得内疚。"

纠正过的强硬思维："在说'不'时，我不觉得内疚，因为我没有责任或义务满足所有人的要求。学会坚定地说'不'，保护自己免受压力与操纵的侵袭，才是我的责任所在。"

如何纠正"模糊的自我"的思维？

调试指南：始终让自我处于没有焦点的状态，会让你困在操纵导致的恶性循环中。纠正这一领域的软柿子思维，要做的就是提问与回答自己定义的"我是谁"这一系列问题。

我是如何看待自己的？用 20 个名词、形容词或短语描述自己。

我的个人边界在哪里？你与你的配偶或恋人、家庭成员、朋友、同事以及其他重要的人的相似点和不同点在哪里？比较你们的需求、个性、优势与劣势以及至少其他三个方面。

我的核心价值观是哪些？对你来说最重要的道德或伦理原则是什么？你坚信的政治立场、社会心理或文化态度都有哪些？

我的精神信仰是什么？你的宗教信仰是什么？你会如何形容你的个人精神？

我与谁是联系在一起的？是什么人或关系构成了你最强的情感纽带？是什么关系将你与他人紧紧地联系在一起？

我的梦想与目标是什么？你的动力是什么？是什么目标让你的人生有了使命感？

建立并维系起清晰的自我认知，是抵御操纵者的关键手段。这一领域的软柿子思维，会反映出外控型关注，也就是对其他人的价值观与信仰以及如何满足他们的关注。只要你始终传达出一个迷惑、不清晰、模糊的自我，你就一直是被盯上的目标。

相反，强硬的思维会做出自我肯定的问答。强硬思维旨在收集那些让你能够形成更敏锐、更清晰、更有重点的自我意识的想法与感觉。

软柿子思维："我对自己没有一个清晰的认识。"

纠正过的强硬思维："我正在通过'我是谁'这样的问答，来更好地认识自己。"

软柿子思维："如果不考虑别人对我的看法，我很难描述出我是怎样的人。"

纠正过的强硬思维："尽管我觉得了解他人对我的看法很有趣，但我清楚地知道我对自己的看法是最重要的。我需要了解我的核心认知与信仰都有哪些，这样我就不会被他人过度影响与操纵。"

软柿子思维："有时我觉得看不清自己。"

纠正过的强硬思维："如果我觉得看不清，那是因为我还没有足够努力地从内心审视自己。如果我想要其他人尊重我，我就必须说清楚我的个人边界。我有自己的需求，而不是只想着如何让别人开心。"

如何纠正"自我信赖不足"的思维？

调试指南：这一软柿子思维会让你无法依靠自我进行判断与有效选择。你的思维模式显示出了你对于自我判断价值的不信任。你倾向于利用别人的建议来支撑决策过程，却对反馈的来源、相关性、准确性与实用性缺乏筛选。

通常来说，询问太多人，征求太多的建议只会让你更疑惑、混乱不清，而不是更清晰笃定。因为你不相信自己有筛选与吸收这些信息的能力，因此你就会再次需求他人的帮助，来协助你用这些外部数据做出决策。

因此，也就不奇怪你的决策过程总是充满焦虑与不安，总是会经历"买家懊悔"，总是那么善变。你相信，询问所有人的建议，你就能够最小化犯错的可能。但你没有意识到，你的决策方法就是个错误。

如果不考虑你自己的感觉、判断和需求（它们对于重要的人生问题非常关键），你的决定一定会产生问题。一味地询问他人，让他们帮助你做出选择，并不会让你找到最符合个人利益的路。你自己才是最好，也是最重要的信息提供者。无论你喜不喜欢，你都必须学会依靠自己的意见。

你的低自我依赖性，以及自我导向的缺乏，让你很容易被操纵。除非你开始形成强硬的思维，否则你面对胁迫控制就会一直脆弱下去。

软柿子思维："没有别人的建议，我都很难对生活中的大事小事做出决定。"

纠正过的强硬思维："从太多人那里得到了太多的

信息,正是我难以做出决定的原因之一。我会先考虑自己的想法。然后去问(最多三个)真正信任的人的意见与判断。"

软柿子思维:"我不相信自己的判断。"

纠正过的强硬思维:"我会学会依靠并信赖自己的判断,因为我就是自己的最好信息源。其他人能告诉我的只是他们的感觉,而不是对我来说最好的选择。我会听取我所尊敬的人的意见,但最终的决定不会是少数服从多数。唯一的决定权,在我自己手中。"

软柿子思维:"比起自己,我更倾向于依靠别人的意见与判断。"

纠正过的强硬思维:"更多地依靠别人而不是自己的意见,本身就是一个错误的决策过程。好消息是我可以抛弃这个模式或是学习一个更好的模式。当我让别人知道我有多容易被他人的信息所影响,我就会让自己成为那些根本不关心我的利益的操纵者眼中的目标。"

如何纠正"外控型"思维?

调试指南:如果你认为自己身上发生的一切基本都是因为他人的控制而不是你自己的意志,那你可能一辈子都是操纵关系的受害者。如果你相信是其他人控制了发生在你身上的事，那么他们就会这么做的。你很可能会将控制权拱手让给下一名操纵者，让他利用你满足自己的需求。

利用外控型思维来看待生活还有一些其他缺点。外控型的人会比内控型的人自尊更低。并且当你不觉得自己能够有效改变你的生活时，那么你很可能根本不会去尝试或有动力将随机的运气转化为能够抓住的机会。

外控型人格会让你更容易抑郁，因为它会产生习得性无助——也就是坏事还会发生，而你无能为力的感觉。除此之外，外控型思维甚至还可能损害你的生理健康，因为它会制造出一种"放弃"的心态，阻碍你从大病中恢复过来的进展。

纠正这种软柿子思维的方法很直接：改变自己，以内控型的思维看待这个世界。你要真的相信你能够改变，你就是自己生活的主角，像这样去思考与行动。

要转化成强硬的、内控型的思维心态，你并不需要相信自己能够控制所有的事。但是，你必须着眼于生活中那些你确实能够施加控制的事，并且行动起来（这是关键）。

随着你将思维转向内控型，你将会收获自我满足这样的心灵益处。而当你用软柿子、外控型的思维看待世界时，你认为其他人比你自己对发生的事影响更大。因此，当你成为操纵的受害者，你会强化并延续外部力量拥有控制权这样的认知。

现在，拥有纠正过的强硬思维，你就能够不那么容易被操纵者控制了。从现实意义上说，是新的信仰造就了你。现在，你相信别人并没有比你拥有更大的控制权，并且你抵抗了操纵者的经历，会让你的健康新思维得到支撑与强化。

> 软柿子思维："我相信发生在我身上的大部分事都是因为别人的控制，而不是我自己。"
>
> 纠正过的强硬思维："尽管我无法控制所有事，但我还是能控制我自己的很多行为。如果我将控制权交出去，其他人就会控制我，而我不想再这样下去。"
>
> 软柿子思维："我相信我身上发生的事，更多是因为运气、机会与别人的好意，而不是我自己的行为。"
>
> 纠正过的强硬思维："运气可能是很大一部分因素，但我相信，我选择去做的事，能够将一个好运的机会变成真正的成功，而不是让这个机会白白溜走。"
>
> 软柿子思维："我感觉对于生命中的大部分事情都无力改变。"
>
> 纠正过的强硬思维："比起关注自己无法控制与改变的事，我会将努力更多地放在我能够控制的事上。认为自己无能为力，只会让我更加抑郁。而相信我能

够让生活变得更好，无论改进是大是小，都是积极向上的。"

用纠正过的强硬思维取代软柿子思维

通过前面提到的指南与例子，相信你已经做好了准备去对抗自己的软柿子思维。你已经找到了那些让你容易被操纵的思维方式。最后一步，就是用纠正后的强硬想法，来取代每一种错误的认知。你可以借鉴我们介绍的例子，或是写下你自己的强硬想法。

在写下每一条纠正过的想法之后，大声念出来，朗读自己改变后的全新心态，默默积蓄力量与自信。注意看看这些想法坚定了多少，又让你感觉到了怎样的力量。

始终保持难以攻克的状态

要实施本章中的所有技巧，发挥全部效果，你至少每周都要重复练习这三个步骤（审视、识别、取代）。你的软柿子思维多年来已经习惯成自然，现实地说，你不可能指望它们一夜之间消失。但是，如果你下定决心做一个更强硬的人，那么你在思维与行为上的旧模式就会让位于更健康、更能保护自己的那些思维。

　　保持强硬的心态需要你时刻保持警觉。你可能会倒退与退缩，尤其是在精神紧张与时间给你带来巨大压力的时候。对自己保持耐心，不要放弃，你就能够从倒退中恢复过来。拿出你的笔记，再次开始写下你的想法。如果那些旧病毒又出现了，你会知道自己应该做些什么来清除它们，纠正与强化你的思维。

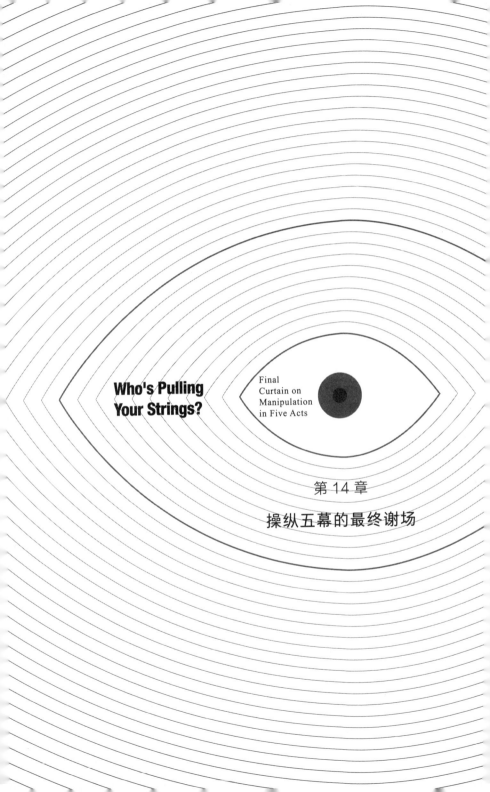

**Who's Pulling
Your Strings?**

Final
Curtain on
Manipulation
in Five Acts

第 14 章

操纵五幕的最终谢场

**Who's Pulling
Your Strings?**

Final
Curtain on
Manipulation in
Five Acts

现在你已经有抵抗手段与强硬的思维作为武装，它们能帮助你逃离生活中的操纵者，我想你一定很想知道第 2 章提到的那些人是如何处理他们的不同操纵困境的。你将会看到，我有一些病人成功地改变了操纵关系，彻底终结了操纵或至少大大降低了操纵程度。而另一些人则选择了彻底从操纵关系中抽身而出。但是，我可以向你保证，没有一个人为自己脱离操纵控制的行为感到后悔。相反，这些自我解放的真实故事，都成了他们人生中真正的转折点。

第一幕：两个辛迪的故事

从开始接受治疗，鲍勃就学得很快。他有勇气直接面对我与他自己。作为一名医生，他知道自己与辛迪的关系带来了压力，并且已经让他觉得不适，他需要做出一些重大的改变来实现健康与情感的平衡。

我们聊过几次操纵的基本模式，鲍勃就意识到自己身处负强化的循环中。他发现取消计划、买礼物，屈服于辛迪的情绪（生气、哭泣、尖叫），都只会强化操纵本身。他意识到他在强化与奖励辛迪依赖他、黏着他的行为。

真正的转折点出现在鲍勃将他自己视为鸽子2时。他被间断强化所诱惑，期待那个与他陷入爱河的"以前的辛迪"再次出现。鲍勃意识到，每一次当他感到"以前的辛迪"可能重现时，他就被"定住了"，并且对这个病态循环更加上瘾。

鲍勃要求辛迪一起加入治疗，但她拒绝了。她继续指责鲍勃让她搬离了有安全感的家乡。讽刺的是，辛迪指责鲍勃操纵她，变成了一个她认不出来的人。

而这正是鲍勃需要的开端。他告诉辛迪，他觉得他们都对彼此很失望。他说他已经决定在他们给彼此带来更深伤害之前结束这段关系。在几次哭泣与发火之后，辛迪同意了。

鲍勃给辛迪买好了回纽约的机票，并帮助她找到了新房子。他向辛迪原来的老板建议，请他们重新雇用辛迪，因为她是"最好的会议组织者"。

辛迪在一周之内离开了。鲍勃的胃不痛了。辛迪干回了自己的老本行。10个月之后，鲍勃与他同一栋楼工作的儿科医生结婚了。

第二幕：母亲家的晚餐

萨莉来找我时，已经怀孕 8 个月了。我们在她生孩子之前一起进行了一个月左右的治疗。在这段时间中，萨莉决心学会有效的抵抗手段，来应对玛莎的操纵与吉姆的消极对抗。

重大突破出现在孩子出生 6 周之后。她恢复了治疗，并且决定开始行动。在治疗过程中，她意识到，她应该优先考虑自己的家庭，也就是她的丈夫和孩子，然后才是她的原生家庭。她也意识到，吉姆的父母、兄弟姐妹与其他家人，对她的宝贝女儿也很重要，他们是她的祖父母、姑姑、叔叔和表亲。

萨莉不希望自己的女儿和吉姆家庭的联系被"切断"，因为玛莎就是这样切断了萨莉与苏西和他们父亲的亲戚之间的关系。因为玛莎和她的公公婆婆关系不好，所以她根本不让他们和孙女接触，以此来惩罚他们。然而，萨莉意识到这让她和苏西失去了宝贵的家庭关系。

我建议萨莉将苏西拉入这场与玛莎的固执对抗的战役，成为她的战友。一天晚上，她邀请苏西和她的家庭共进晚餐，就是在那时，她告诉苏西，承认与包容吉姆的家庭有多么重要，尤其是在她的孩子出生以后。

苏西完全支持她。一天，她和萨莉一起去到玛莎家，告诉玛莎新的安排。为了延续家庭传统，她们很愿意一个月有两个周五与玛莎共进晚餐。而在另外两个周五，会由萨莉来组织晚餐，她会邀请玛莎、她们的父亲和吉姆的家庭成员。

萨莉和苏西一起练习角色扮演，熟悉抵抗手段，准备好应对玛莎的反应。当玛莎哭泣时，她们告诉她，她们很遗憾玛莎将这一改变视为负面的，但这是她自己的选择。她可以来参与萨莉家的晚餐，或是待在自己家里。这完全由她自己选择。

当玛莎在几天之后给萨莉打电话，表达她的失望与怒气时，萨莉指出了玛莎的行为是在操纵，并且说明玛莎想让她感到内疚，还告诉玛莎用怒火威胁她的行为再也不会有用了。萨莉还使用了"坏掉的唱片"这一策略，无论玛莎说什么，她都只是重复邀请她参加新的周五晚餐，来见见她新出生的外孙女。

玛莎并没有立刻转变自己的态度。萨莉组织的前四个周五晚餐，她都和丈夫一起待在自己家里。但萨莉一直在邀请她，并且不屈服于她激发内疚感的手段。

最终，当萨莉的父亲决定加入抵抗战线时，玛莎屈服了。萨莉的父亲说无论玛莎去不去，他自己都会去萨莉家加入晚餐，并且他告诉玛莎，他不会忽视吉姆的家庭，切断外孙女与他们的联系。

玛莎依旧试图去操纵他们。但萨莉现在已经难以攻克了。通过改变思维方式，萨莉已经让自己不再有多余的内疚感，而正是这样的内疚感让玛莎的操纵持续了这么多年。

现在，周五晚餐一次在玛莎家，一次在萨莉家。萨莉正在与玛莎协商，给假期和特殊的活动排个日程。

第三幕：地位，地位，地位

弗朗辛意识到阿尼的真实性格，她开始考虑自己是否依然能将他视为一名可信任的同伴。谈论正式合作协议的时刻也来临了，弗朗辛被阿尼的决定震惊了。

阿尼说六个月的试用期结束了，他觉得弗朗辛的"才智、动力或职业道德"还无法打动他，所以他不能写下正式的合作协议。而对于弗朗辛遇上的麻烦，阿尼愿意在她今年经手的每一桩任务上都给她 20% 的费用。除此以外，他也"没有其他办法"了。

弗朗辛从阿尼的操纵中学到了惨痛的一课。弗朗辛实际上将这段糟糕的经历视为天真与不成熟的终结，在此之前，她软弱、取悦他人的习惯与想法，让她成为操纵者的目标。她努力地改变自己的思维模式，让自己强硬起来。并且发誓，在工作与个人生活中都要对操纵者保持警觉。

三个月之后，弗朗辛被邀请加入一个由成功女性经纪人形成的团队。现在，她是公司最杰出的人才之一。

阿尼的妻子提出了离婚。一年之后，阿尼被迫离开公司，他由于性骚扰而被起诉，公司为此赔付了 100 万美元。

第四幕：可怕的青少年

在那个可怕的周一之后，卡拉陷入了巨大的恐慌。她甚至有三天没去上学，并患上了神经性胃痛。

卡拉和她的母亲接受了几个疗程的治疗。通过角色扮演，卡拉意识到那些"受欢迎的"姑娘并不是她想要的那一类朋友。她开始转变自己的思维方式，她不再为自己被利用而感到尴尬与羞耻，她相信是那些做事很坏的姑娘应该为她们的行为感到羞愧。

"应该让她们在看到我时觉得尴尬，"卡拉说道，"我比她们强多了。"

在父母的帮助下（他们承认自己帮助卡拉"收买"朋友的方式是错误的），卡拉转移了她的重点。她决定认真对待学习，因为十年级对于大学来说十分关键。她爱上了打排球，在来到加州之前她从未接触过这项运动。

卡拉加入了大学排球队，很快与队友成为朋友。她意识到，搬家到加州以及青少年时期迫切的友情渴望让她成了操纵者眼中最好利用的人。

现在，卡拉已经能够带着笑容回顾初入校园时最痛苦的这一个月了。"我算是'苦尽甘来'了，"她骄傲地说，"但我还是需要小心操纵者们。"

第五幕：双重挤压

第二年杰伊依旧没有求婚，瓦莱丽决定改变，她选择离开。在一些集中的疗程之后，瓦莱丽决定重新夺回自己生活的控制权。她意识到，只要自己一直以这种不结婚的状态和杰伊在一起，她就会一直被操纵。最终，她到达了一个临界点，继续生活在这种边缘的恐惧，已经远远超过了失去这段关系的恐惧。

瓦莱丽给杰伊写了一封信，她告诉杰伊她决定明天就搬回自己的公寓。她告诉杰伊她不会改变自己的决定。她不会再因为自己想要结婚或组建家庭的想法感到焦虑或内疚。她再也不会忍受他的脾气以及他抛弃自己的威胁。

她告诉杰伊，她爱他，也依旧想和他结婚。但是杰伊需要先处理好自己的恐惧。她说她真心希望杰伊能够在她遇到其他人之前做到这一点。

最开始，杰伊气疯了，并且感觉非常受伤。他告诉瓦莱丽，她的决定正是她不是理想的结婚对象的铁证，她最终一定会像他前妻那样离开他。

瓦莱丽与杰伊分开了 3 个月。两周之后，杰伊就开始给瓦莱丽打电话，希望能看看她。但是，瓦莱丽坚守了立场。她说她唯一有兴趣和杰伊保持的关系，就是婚姻关系。否则，他们根本没有再继续下去的必要。

离开杰伊之后，瓦莱丽经历了非常痛苦与孤独的时期。但是她已经学会了忍受这些不适，而不是屈服于杰伊的恐惧带来的"双重挤压"操纵。

"如果杰伊真的爱我，"瓦莱丽每天都这样对自己说，"他就会娶我。否则，我就只能这样心碎与痛苦下去。"

还好，结局是圆满的。在瓦莱丽的下一个生日时，杰伊向瓦莱丽求婚了。一个月之后他们结婚了。

结　语

现在，你已经掌握了必要的手段、策略和心态，来帮助你应对生活中的操纵者。你已经了解了如何让自己成为难以攻克的对象，来威慑那些想要控制你的潜在操纵者。

你意识到了操纵者利用操纵给你的心理状态与身体健康带来的巨大伤害。幸好，你感受到的压抑能够成为你行动的动力。记住，如果你无法下定决心改变与纠正行为，操纵关系就会一直持续下去。毕竟，操纵者为什么要改变呢？

带着有效工具与武器的武装，你几乎已经有了所有必要的、让你能够在与操纵的战役中赢得胜利的东西。但是，有一样关键的东西我无法给你，而正是这样东西，能够让这本书不再只是一本你随手放上书架的自助指南，这样东西能够让你真正拥有改变人生的力量。

这一样最重要的东西，就是勇气。

勇气，是能够引燃改变的火花。因此，你必须深入内心，寻找你自己的勇气。你的自由也源于它。

　　拥有勇气并不等同于毫不畏惧或全无焦虑。恰恰相反，带着勇气，你就能够在感觉到焦虑甚至致命恐惧时，依旧勇敢前行。在面对、抵抗操纵者时感到紧张是非常自然的。取胜的关键，就是寻找你内心的力量，并让它们指引你，不要让你的恐惧决定你的命运。

　　下定决心，脱离操纵：找到你的勇气，使用你学到的策略，在此过程中保持耐心。改变，尤其是那些影响深远的改变，不会发生在一朝一夕之间。只要坚定而努力，你最终一定能成功。

　　在合上本书之前，花一些时间，想想这些话：

　　　　　若我不为己，谁又为我？

　　　　　若我只为己，我为何物？

　　　　　若不在此时，更待何时？

　　　　　　　　　　　　　　　——希勒尔，十二世纪

出版后记

操纵关系是一种有毒的关系，它会侵蚀自尊，摧残心灵，虚耗人生。操纵关系也是我们如今要面对的一种心理疾病。

哈丽雅特·B·布瑞克博士是美国著名的临床心理医生，拥有30年临床心理和管理顾问的经验，长期的执业经历让她观察到普通人生活中形形色色的心理问题。人们要么忽略这些心理问题，要么无计可施。而布瑞克博士从心理理论、研究和临床技能等方面着手，通过案例分析了人们在生活中不以为意的心理问题，比如受人操纵、取悦症、E型女性。在《操纵心理学》一书中，布瑞克博士分析的就是操纵和被操纵的扭曲关系。这种关系不论是谁都会遇到，而操纵者也可能是身边的任何人，比如野心勃勃的下属、好发号施令的上司、爱暗中较劲的同事、好指使人的配偶、总是抱怨的朋友、激起你愧疚心理的父母。

对于这一关系，布瑞克博士没有简单地将责任归咎于操纵者或受害者，她认为操纵关系的存在，操纵者和受害者都有责任，双方都需要正视自己的心理问题。因此她详细解释了操纵者有哪几种类型，容易受操纵的受害者又有哪些人格特质。比如必须防范的 9 种操纵类型：马基雅维利型、纳西索斯、边缘型、依赖型、表演型、被动攻击型、A 型、反社会型、成瘾型；以及容易被人得寸进尺的 7 种人格特征：取悦症、赞同瘾、负面情绪恐惧症、无法说不，没有存在感，自尊心低、认为自己无法控制生活。

一旦我们明白自己的哪些想法和行为会让操纵者钻空子，致使自己陷入受人摆布、压力顿生的被动境地，就可以学到许多有效的对策，也能够识别操纵者的图谋，从控制网中逃脱。而无意识的操纵者也可以明白自己的哪些行为已经形成操纵，并了解到怎样做能纠正自己的心理问题。摆脱操纵的 7 个诀窍就是：缓兵之计、勤练话术、钝化焦虑、有勇气揭露操纵事实、锻炼妥协和协商技巧、冷静的力量、对时间有耐心本书所阐述的分析和对策，是为了帮助深陷操纵泥淖的人，受人操纵感情的人，被拖拽进操纵游戏的人，也是为了让普通人建立更健康更舒适的人际关系。

服务热线：133-6631-2326　188-1142-1266
读者信箱：reader@hinabook.com

后浪出版公司
2020 年 9 月

© 民主与建设出版社，2020

图书在版编目（CIP）数据

操纵心理学：争夺人生的主导权 /（美）哈丽雅特
·B·布瑞克著；李璐译 .-- 北京：民主与建设出版社，
2020.9（2024.2 重印）
　书名原文：Who's Pulling Your Strings
　ISBN 978-7-5139-2217-3

　Ⅰ.①操… Ⅱ.①哈… ②李… Ⅲ.①心理学—通俗
读物 Ⅳ.① B84-49

中国版本图书馆 CIP 数据核字 (2018) 第 161566 号

操纵心理学：争夺人生的主导权
CAOZONG XINLIXUE: ZHENGDUO RENSHENG DE ZHUDAOQUAN

著　　者	［美］哈丽雅特·B·布瑞克	**译　者**	李璐
责任编辑	王　颂　刘　艳	**特约编辑**	方　丽
封面设计	棱角视觉		
出版发行	民主与建设出版社有限责任公司		
电　　话	（010）59417747　59419778		
社　　址	北京市海淀区西三环中路 10 号望海楼 E 座 7 层		
邮　　编	100142		
印　　刷	天津中印联印务有限公司		
版　　次	2020 年 9 月第 1 版		
印　　次	2024 年 2 月第 12 次印刷		
开　　本	889 毫米 ×1194 毫米　1/32		
印　　张	9.5		
字　　数	165 千字		
书　　号	ISBN 978-7-5139-2217-3		
定　　价	49.80 元		

注：如有印、装质量问题，请与出版社联系。